KB271723

개를 잘 기르는 법

전원 편집부 엮음

웨스트 하이랜드 화이트 테리어의 귀여운 모습

스피츠

순백 코트의 아름다운 자태, 밝고 용감하며 경계심이 뛰어나
집 지키는 개로 훌륭하다

치와와

기민하며 틀에 박힌 표정을 지닌 작고 아담한 개로 영리하다

푸들

원래 프랑스의 사냥개로 활발하고 아름다우며 사람을 잘 따르는 재주가 많은 개

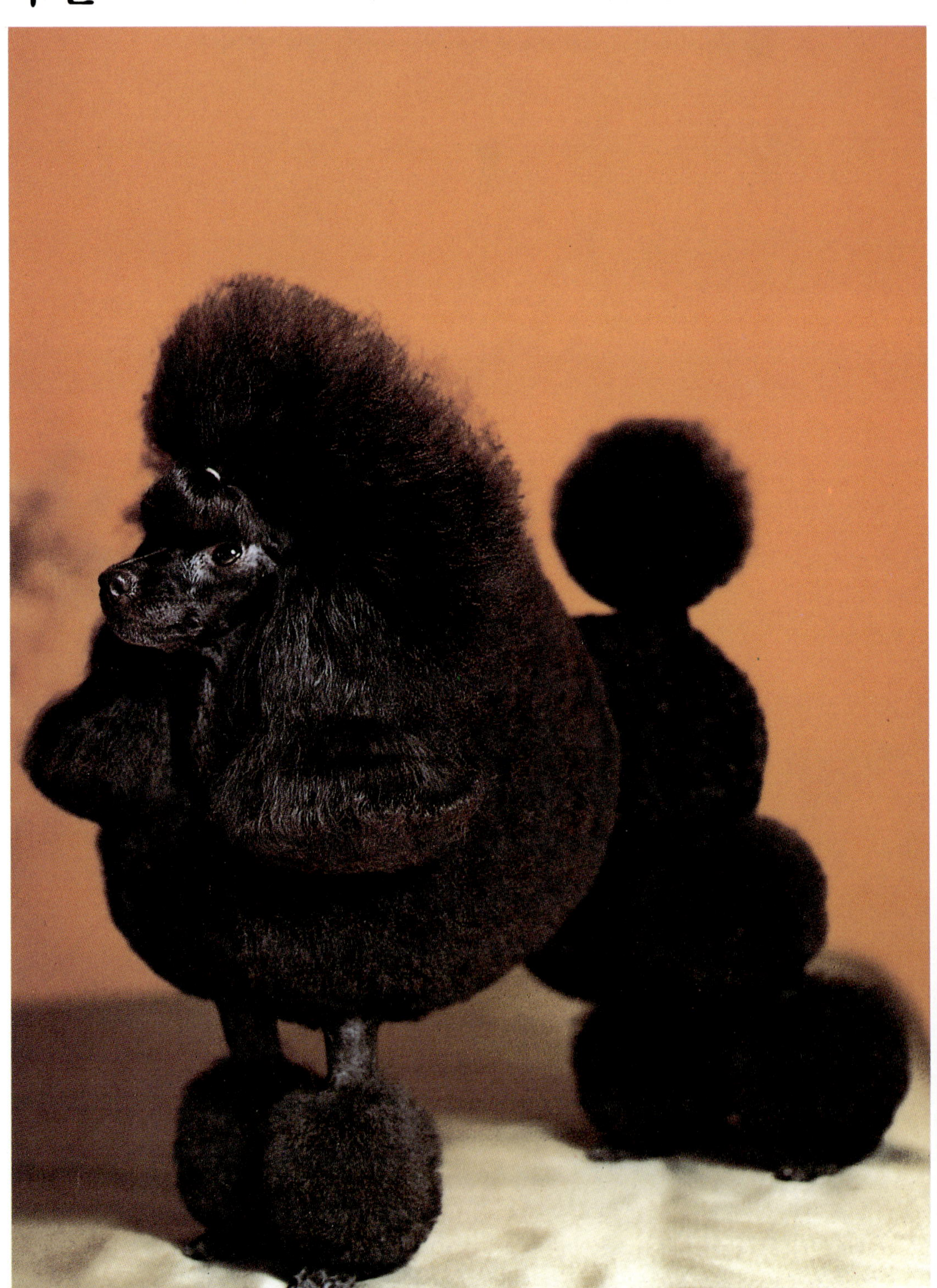

찡

눈이 동그랗고 검게 빛나는 고귀한 개로
상류층 부인들 사이에서 소중히 애완되는 영리하고 유순한 인기종

말티스

순백의 긴 털을 바닥에 드리운 채 걸어다니는 무척 귀여운 인기종

콜리 우아한 몸매와 얼굴 모양이 기품이 넘치는 목양견

아프간 하운드 아프가니스탄의 귀족들에게 소중히 키워진 사냥개로 기품있는 용모와 독특한 품격을 갖춘 개

달마티언
튼튼하며 근육이 잘 발달된 개로
활발하며 균형이 잘 잡혀 날씬한 몸매로 스피드와 내구력이 풍부하다

보스톤 테리어
세련된 개로 매끈한 몸털과 탄탄한 몸매의
균형이 잘 잡힌 근대적인 개

토이 그룹 [애완견 I]

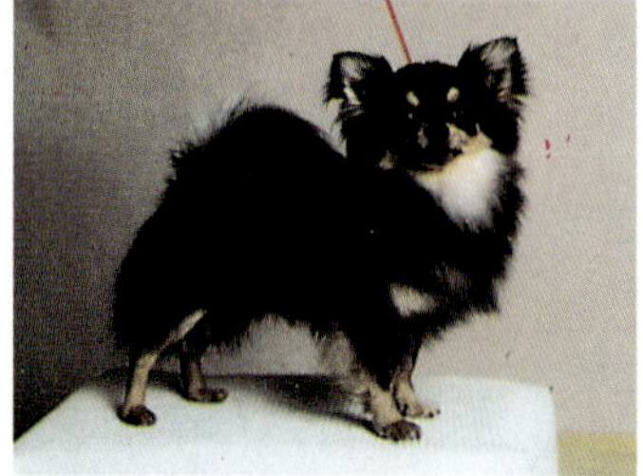

치와와

퍼그

토이 맨체스터 테리어

포메라니언

말티스

아펜핀세르

브랏셀 그리폰

빠삐용

미니어처 핀세르

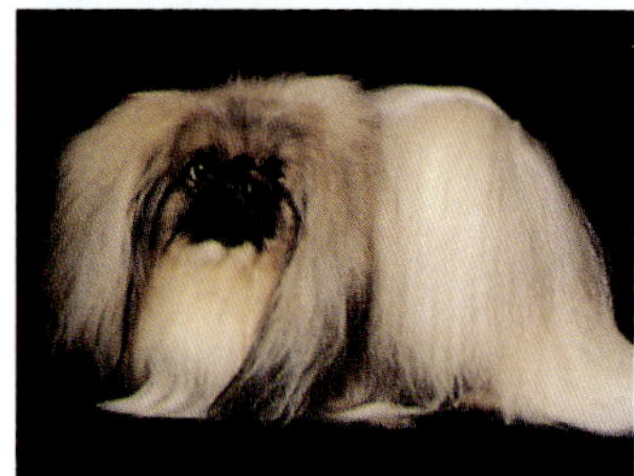

페키니스

요크셔 테리어

카발리에 킹 찰스 스파니엘

실키 테리어

이탈리언 그레이하운드

워킹 그룹 [사역견]

시베리언 허스키

로트웨일러

자이언트 슈나우저

사모에드

도베르만 핀세르

버니즈 마운틴 독

알래스칸 마라뮤트

센트 버나드

뉴펀드랜드

복서

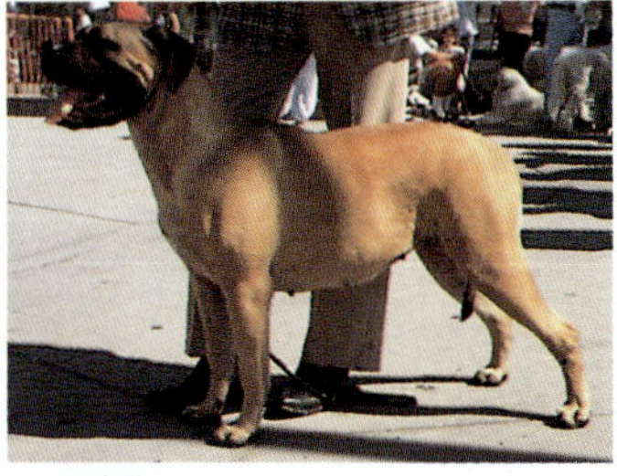

마스티프

코몬도르

그레이트 피레니즈

그레이트 댄

불 마스티프

허딩 그룹 [목양견]

웰슈 코르기(펨브록)

오스트라리언 카들 독

푸리

웰슈 코르기(카디건)

베르지언 쉽독

보더 콜리

쉬틀랜드 쉽독

베어데드 콜리

콜리

베르지언 터뷰렌

올드 잉글리슈 쉽독

브리얼

저먼 세퍼트 독

브비에 드 프란도르

테리어 그룹

스코티슈 테리어

댄디 딘몬드 테리어

케언 테리어

웨스트 하이랜드 화이트 테리어

레이크랜드 테리어

불 테리어

시리함 테리어

스태포드셔어 불 테리어

베들링톤 테리어

아메리칸 스태포드셔어 테리어

보더 테리어

소프트 코티드 휘튼 테리어

스카이 테리어

폭스 테리어(스무스)

맨체스터 테리어

케리 불 테리어

미니어처 슈나우저

와이어 헤어드 폭스 테리어

아이리슈 테리어

에어대일 테리어

건독 그룹 [수렵견]

아메리칸 콕커 스파니엘

브리타니 스파니엘

골덴 레트리버

잉글리슈 콕커 스파니엘

비즈라

저먼 와이어헤어드 포인터

크램버 스파니엘

포튜기즈 워터 독

저먼 쇼트헤어드 포인터

월슈 스프링거 스파니엘

체사픽 베이 레트리버

잉글리슈 포인터

잉글리슈 스프링거 스파니엘

커리 코티드 레트리버

아이리슈 세터

잉글리슈 세터

하운드 그룹

닥스훈드

노르웨이지언 앨크하운드

보르조이

바세트 하운드

사루키

블랙 & 턴 쿤하운드

비글

그레이하운드

아프칸 하운드

바센지

이비잔 하운드

로데시언 리지백

휘페트

오터 하운드

스코티슈 디어하운드

아이리슈 울프하운드

블러드하운드

콤패니언 그룹 [애완견Ⅱ]

비숑 프리제

푸들

티베탄 테리어

차이니즈 글레스테드 독

보스톤 테리어

키스혼드

라사 아프소

프렌치 불독

초우 초우

시추

불독

달마티언

＜ 머 리 말 ＞

개는 사람과 함께 생활하여 매우 영리하며 잘 따르고, 주인을 생각하는 충실성, 인간에게 바치는 신뢰감 등에는 마음을 이끌리지 않을 수 없게 한다. 그 귀여움은 한번 길러 본 사람이 아니고서는 결코 알 수 없는 것이다. 많은 애견가는 이 귀여운 동물을 다만 사랑하기 때문에 사육하고 있는 것이다.

영국의 축견 수는 약 600만두로 추정되며 미국은 대충 2600만두로 인구 7인당 한 마리의 개가 사육되고 있다.

최근에는 생활의 여유가 생겨서인지 우리 나라에서도 개를 기르는 사람의 수가 매우 많아졌다. 그것은 옛날과 같이 잡종견을 다만 귀여워서 기르는 것이 아니라 혈통서가 올바른 순수견을 소중히 기르는 풍토로 바뀌져오고 있다.

개를 기르는 방법도 외국 수준에 이르고 있는데, 그 중에서도 눈에 띠는 것은 소형 애완견의 놀랄만한 인기이다.

말티스, 포메라니언, 요크셔 테리어, 치와와 등 거의 모든 종류의 소형 애완견이 흔히 눈에 띠게 되었다. 이것은 주택 사정이 달라져 뜰이 없는 집이나 아파트 등에서 생활하는 사람이 급증했기 때문이지만 동시에 외국풍의 애완견 취미가 우리들에게도 뿌리를 내리고 있는 추세라 할 수 있다.

본서에서는 이러한 최근 유행의 소형 애완견에 중점을 두고 품종의 특징이나 고르는 법, 기르는 법 등을 상세히 설명했다. 또한 기타의 중형견이나 대형견에 대해서는 간단한 설명과 함께 사진과 그림을 적절이 사용하여 갖가지 견종의 아름다운 자태나 그 특성을 소개하였으며, 그밖에 개에 대한 모든 지식을 즉, 개는 어떠한 동물인가를 알아두는 것이 중요하므로 개의 특수한 능력이나 습성, 행동을 이해하는데 큰 도움이 되도록 꾀했다.

개는 인간이 애정을 갖고 대해주면서 자상한 시중을 들어주면 반드시 의심없는 순진성으로 대답해 주는 것이다. 진정으로 개를 귀여워해 주어 인간과 개가 즐거운 공동생활을 하려면 어떻게 해야 좋을까— 본서를 참고로 이용하여 주시기를 바랍니다.

편집인 일동

개를 잘 기르는 법 · **차례**

제 1 장 개를 알자

토이 푸 들

① 개의 선조
인류 탄생 훨씬 전부터 지구에 존재한 개들

개의 선조는 오늘날 이리(늑대)의 조상과 같다는 것이 정설이 되어 있으나 개는 이리에서 진화한 것이라는 설도 있어 동물학자 사이에서도 의견이 다르다.

그러면 개는 언제부터 지구에 생존했을까? 제일 오래된 개는 토마쿠터스라는 원시견이라 하는데 그것이 생존했던 것은 약 2백만년 전이다.

50만년 전의 선신세(鮮新世)에 토마쿠터스에서 너구리, 이리, 자칼(여우와 이리의 중간과 같은 짐승), 들개가 각기 파생됐다.

물론 유사 이전의 일로 인류가 지구상에 출연한 것은 그보다 훨씬 후인 제 4기층·홍적세(洪積世)이다.

오늘날의 그레이트 댄, 세인트 버나드 등의 대형견은 브론즈 훈드(靑銅犬)와 이리를 교배시킨 것이라 상상된다.

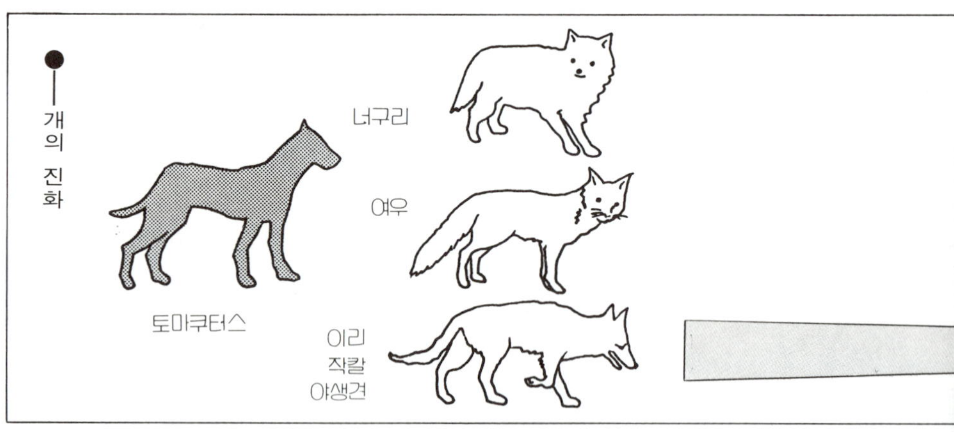

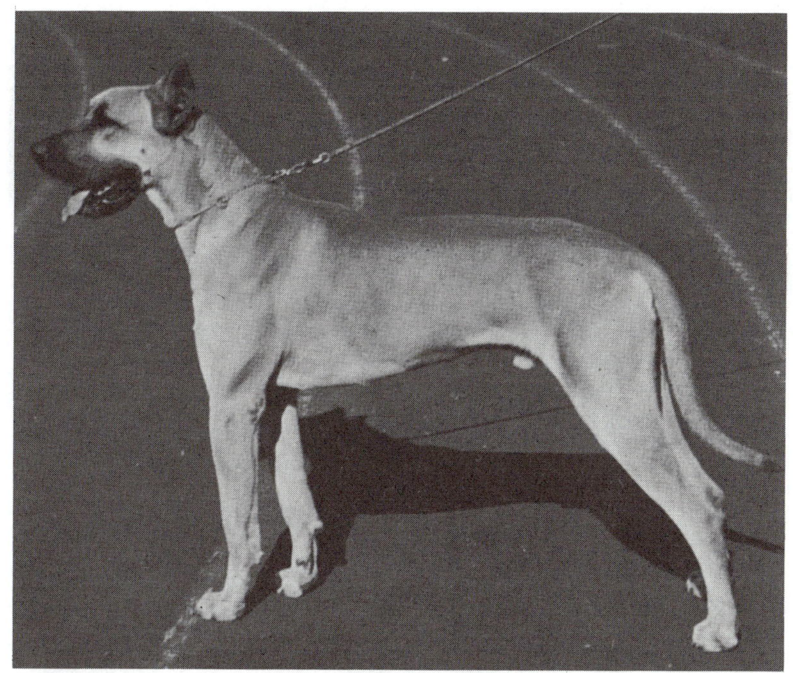

▲ 브론즈 훈드와 이리를 교배시킨 것이라 상상되는 오늘날의 대형견 그레이트 댄

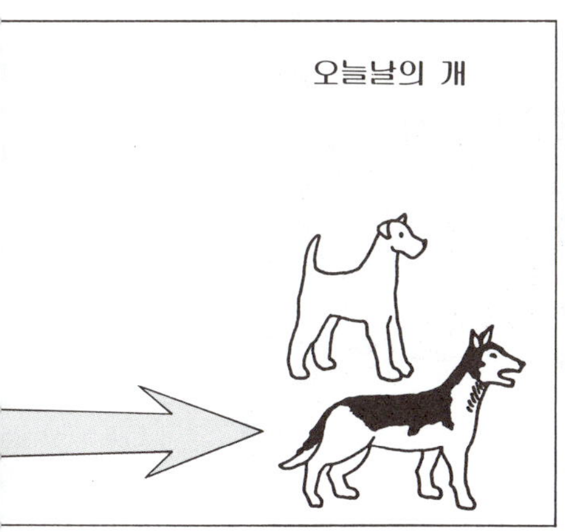

개의 선조인 이리

② 개와 인간의 역사
인간이 사냥에, 전쟁에 얼마나 개의 신세를 졌는가

먼 옛날 인간은 동굴 생활을 하다가 지상에 부락을 이루고 살게 됐다. 그 부락 주변에 인간이 먹다 남은 것을 노리며 개가 모여 들었다.

이것이 인간과 개와의 첫 만남이라 해도 좋을 것이다. 처음에는 먹을 것을 도둑 맞았을 것이다. 그러한 개를 인간들은 쫓아 버렸을 지도 모른다.

그러나 개는 그 예민한 후각에 의해 다른 들짐승의 접근을 짖어 대어 인간에게 알림으로서 인간은 자기들의 생명을 야수로부터

3500년 전 이집트의 벽화에도 개의 모습이 보인다.

지키기 위해 개를 적극적으로
이용할 것에 착안한 것이다.
　처음에는 야생의 강아지를 데
려다 먹이를 주며 키웠을 지도
모른다. 다른 야생 동물보다 인
간에게 길들여지기 쉬운 성질을
갖고 있는 개는 이렇게 인간과
어울리게 된 것이다.
　드디어 인간은 그들의 사냥을
위해 사용하게 되었다. 당시의
사냥은 오직 들짐승 사냥으로
3,500년 전의 이집트 벽화에도

인간과 더불어 야수를 넘어뜨리
는 개의 그림이 그려져 있다.
　그 후 인류는 갖가지 목적에
맞는 순수종을 만들어 냈다. 하
운드에 이어 소형의 사냥개로
쓰인 마스티프 종의 조상, 극한
지에서 썰매개로 사용되는 스피
츠종, 유목민의 양을 지키는데
쓰인 세퍼드나 콜리종이다.
　또 화기의 발달에 따라 포인터
나 세터종 등의 조렵견종도 만들
어진 것이다.

야생견 딩고

개의 선조라 일컫는 시노덱스

동성은 모두 라이벌! 강한 자가 약한 자를 지배하는 것이 관례

본래 개는 무리를 지어 생활하고 있던 동물인 만큼 개끼리의 공동 생활에는 순응하기 쉬운 특성을 갖고 있다. 개가 서로 마주치면 우선 성별을 확인하기 위해 서로 항문의 냄새를 맡는다.

이것이 이른바 초면의 인사이다.

그 후 서로 얼굴과 얼굴을 맞대고 이성이라면 암컷이 상대방의 엉덩이를 향해 익살을 떤다. 이렇듯 초면에도 불구하고 이성이라면 불과 몇 분만에 부부와 같은 사이가 되어 친숙해 진다.

그런데 동성끼리는 그렇지가 않다. 서로 등의 털을 곤두 세우고 위협을 가한 후 어느 쪽에서든 선제 공격으로 나온다. 물론

쿵 쿵, 궁둥이를 맡으며 적을 시찰. 이것이 첫대면의 인사이다

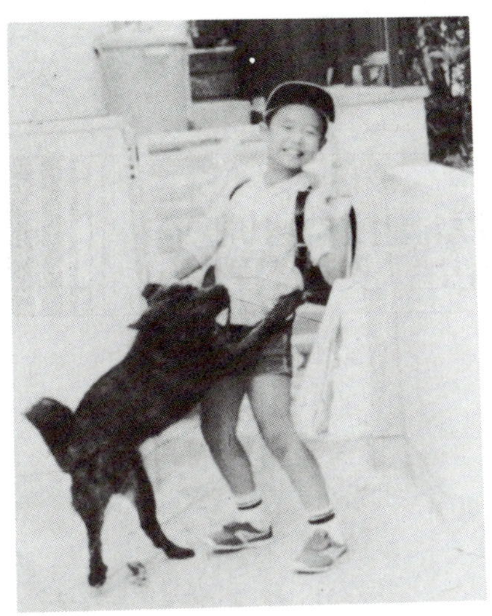

상대도 반격하며 맹렬한 싸움이 시작될 것이다.

　어느 쪽이든 상대를 이길 때까지 이 승부는 계속된다. 패한 개는 상대에게 공손한 태도를 취하고 이후 절대로 반항하지 않는 것이 개의 관습으로 되어있다.

달려드는 것은 즐거움의 표현이다

힘이 균등한 동성간에는 서로 위협을 한다

④ 개의 일생

개의 일생은 마치 인간 생애의
축소판을 보는 것과 같다

개의 일생을 인간의 일생과 비교하면 굉장히 짧은 것이다. 인간의 수태 기간이 10개월인데 비해 개는 약 2개월로서 그 차가 수명의 차와 비례한다.

개의 수명은 대형견, 소형견에 따라 차이는 있으나 평균 15년 정도가 인간에 비유하면 75~80세에 해당한다.

개의 일생은 성장해감에 따라 다음과 같이 나뉜다.

① 젖먹이시대—태어나서 4주일간

② 유아시대—4주일~3개월

③ 소년시대—3개월~6개월

④ 청년시대—6개월~1년 반

⑤ 장년시대—1년 반~7년

⑥ 노년시대—7년 이상

태어난 새끼는 생후 1주일 이내에 생명력이 있는 개와 그렇지 못한 개가 뚜렷해진다.

이 차이는 누구 보다도 어미개

가 잘 알고 있어 생명력이 없는 새끼에게는 거들떠보지도 않는다. 좀 잔혹한 행위와 같으나 종족 보존을 위해 자연도태로서 동물의 세계에서 당연한 것이다.

생명력이 있는 새끼는 어미개의 젖을 먹으며 부쩍부쩍 성장해 간다. 개의 성격은 젖먹이 기간에 거의 형성된다.

대체로 7세가 지나면 노년기이다. 인간과 마찬가지로 노화 현상이 나타나기 시작한다. 그러나 개의 노화에도 상당한 차이가 있다. 그 정도의 시기는 갖가지로 예를 들면, 젊었을 때부터 같은 환경에서 자란 개는 10세를 지나도 노화가 눈에 띄지 않는 수가 있다.

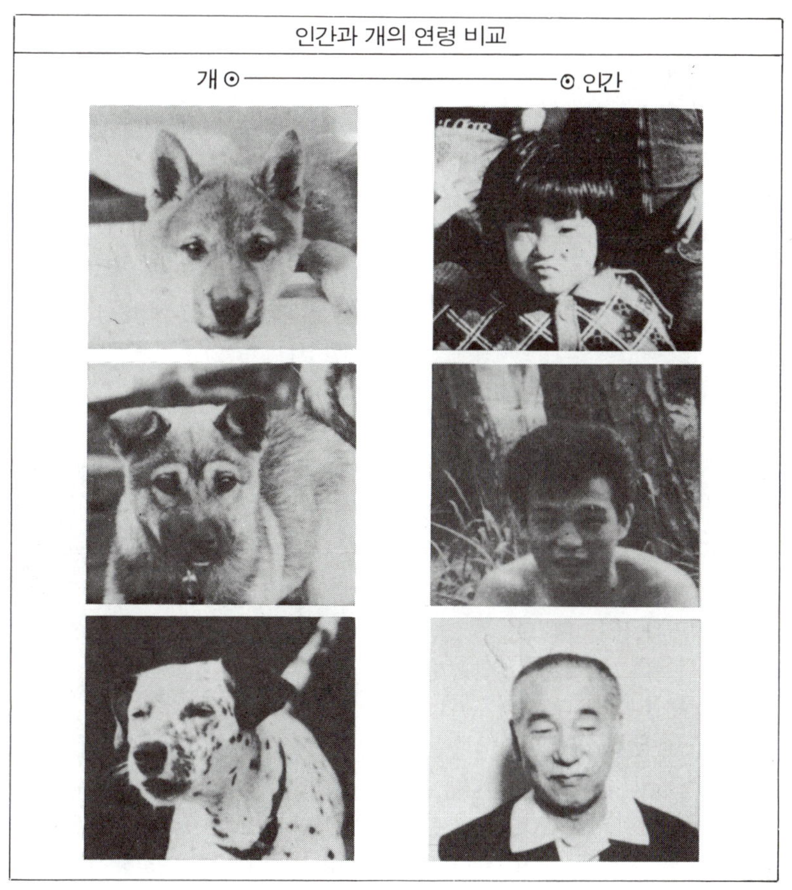

① 꼬리를 흔든다.
꼬리는 마음의 표정을 나타낸다

즐거움을 나타낼 때는 좌우로 약간 흔들며, 노여움을 표시할 때는 높이 치켜 올리며, 슬플 때는 낮게 드리우며, 무서울 때는 다리 사이에 감아 넣는 등 개의 감정을 솔직히 표현한다.

꼬리는 또 후방의 적을 경계하는 역할도 해낸다.

공격 태세에 들어선 개는 꼬리를 심하게 좌우로 흔드는데 이때, 꼬리에 접촉하면 개는 순간적으로 방향을 바꾸어 후방의 적에 대비한다.

또 꼬리는 개의 행동 특히 주행 중 균형을 잡는 구실과 방향 전환 때의 키의 역할(배의 노)도 해낸다.

달리고 있는 개는 꼬리를 수평으로 올리거나 또는 엉덩이 위로 높이 올리는데 이것은 무의식 중에 중심 이동의 밸런스를 유지하는 보조 작용이 되고 있다.

또 개가 급격한 방향 전환을 할 때는 좌우 어느 쪽으로 높이는데 이것도 균형을 잡기 위한 보조적 동작이 되어 있다.

그런데 인위적으로 단미(斷尾)된 도베르만이나 복서 등의 개는 꼬리에 의한 키 조정이 되지 않기 때문에 갑작스런 방향 전환 중에서 뒷다리의 균형을 흐트리는 수가 있다.

꼬리의 형태는 보통 때에 꼬리를 미근에서 올리고 있는가 내리고 있는가로 대별된다.

꼬리 형태의 종류는 다음 그림과 같다.

꼬리는 개의 마음을 솔직히 나타낸다

몸을 구불거리며
즐거움을 꼬리를
흔들어 나타내는
개

■ 여러 모양의 꼬리

② 짖는다
개는 짖는 것이 직업이다

흔히 개는 짖는 것이 직업이라 일컬어지듯이 잘 짖는다. 이 짖는 소리에는 분명히 의미가 내포되어 있는 것은 물론이다. 여러 해 개를 기르고 있는 사람이라면 짖는 소리 하나만으로 개가 무엇을 호소하며 무엇을 알리려 하는가는 알게 된다.

짖는 소리와 그 의미 내용을 알아 본다.

● 멍, 멍—일반적인 짖는 소리,, 무엇인가 흥분하여 경계심을 표시하거나 즐거움을 표시하는 경우.

● 왕, 왕—세게 연속적으로 짖는 경우는 의심스런 외부의 적이 접근하므로 극도로 경계심이 높아졌을 때.

● 캥, 캥—무서움을 느꼈을 때의 비명 또는 고통의 호소.

● 으르릉, 으르릉—으르렁 거리는 소리, 공격하겠다고 위협하는 소리.

● 킁, 킁—응석부리는 감정을 표시, 무엇인가 요구하고 있을 때, 서러울 때.

● 핑, 핑(힝, 힝)—주인과 만났을 때나 무엇인가 요구할 때, 또 서러울 때.

● 아앙—같은 상태가 계속되어 심심해 하품을 할 때.

● 우웍, 우웍—용솟음 치는 소리, 상대를 물어 뜯었을 때 내쉬는 숨과 함께 나온다.

이상이 개를 기르는 사람이 경험하는 대체적인 짖는 소리인데 물론 개의 감정은 짖는 것과 동작(표정)이 일체가 되어 표현된다.

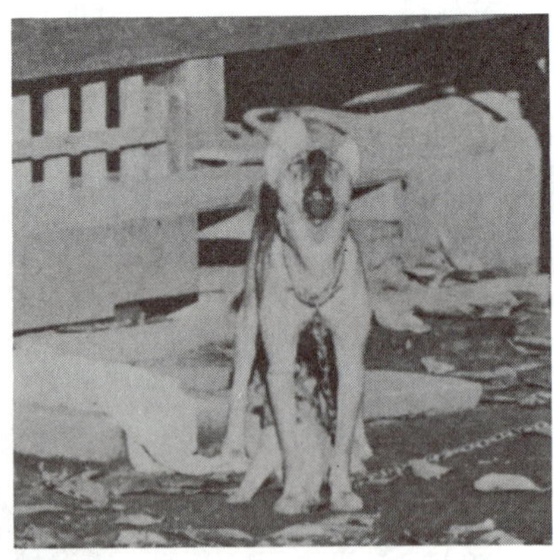

짖는 소리는 개의 언어

26

으르릉, 대며 상대를 위협한다

● 개의 행동

③ 즐거워 한다

개의 웃는 것을 모르는 사람은 아직 개에 대해 연구 부족이다

개는 즐거울 때에 귀를 뒤로 젖히고 꼬리를 흔들며 몸체를 휘어 굽히며 앞발로 제자리걸음을 하고 상대방에게 뛰어 올라 핥으려고 한다. 이런 때에 사람이 허리를 낮춰 쓰다듬어 주면 개는 아주 즐거워 한다.

개의 즐거운 표정, 동작은 이 외에도 있다. 콧소리를 내면서 사람의 주위를 뛰어들거나 흥분한 나머지 오줌을 싸는 개도 있다.

더욱 유머스러운 개는 웃는 표정을 짓는 것도 있다.

귀를 뒤로 젖히고 코에 주름을 모으고 윗 입술을 올려 치아를

내 밀고 있으므로 얼핏 성났을
때의 표정과 흡사한데 그 감정은
정반대이다. 그런 때의 개의 눈
동자는 싱냥하며 즐기워 못견디
겠다는 감정을 나타내고 있는
것이다.

개가 즐거움을 느끼는 3가지
요인이 있다. 즉 ① 주인과 함께
있을 때 ② 주인으로부터 귀여움
을 받고, 쓰다듬어 줄 때 ③ 주인
의 명령에 따라 책임을 완수했을
때이다.

개는 인간, 원숭이에 이어 그 다음으로 머리가 좋은 동물

④ 성낸다
세력권이 침범되면 당연히 성내는 것이 동물 세계이다

개가 성내는 표정을 나타내는 것은 자기의 영역이 침범 당하려 할 때나 위험을 느꼈을 때, 새끼를 지키려 할 때 등이다.

성이 나면 몸통의 근육이 경직되며 목덜미에서 꼬리에 걸친 털을 곤두세운다. 그리고 코에는 주름이 잡히며 나즈막하게 으르렁대는 소리를 내며 이빨을 내밀고, 날카로운 눈으로 상대를 노려본다.

귀는 상대 쪽을 향하고 꼬리를 흔들면서 후방에서의 공격에 대비한다.

성냈다./ 털을 곤두세우고, 눈을 치켜 뜨는 개

　털을 곤두세우는 것은 자기 몸을 조금이라도 크게 보이기 위해서이며 상대가 물어 뜯으려 할 때 순간적으로 몸을 놀려 피하기 위한 보호(안전) 역할을 하기 위해서이다.

　개의 수비 범위는 옆의 그림과 같다.

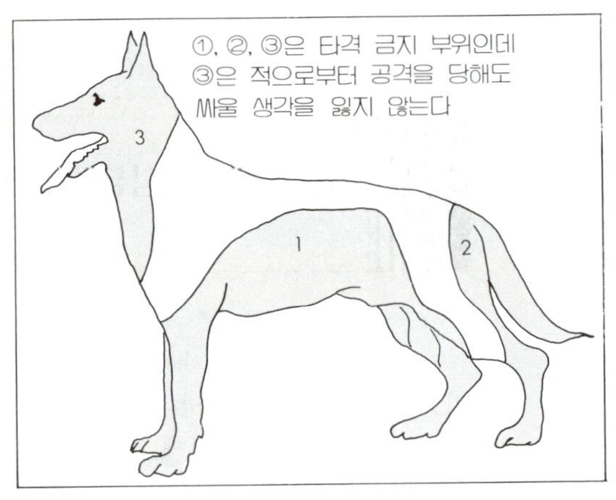

개의 위크 포인트

● 개의 행동

⑤ 한뎃 소변
한뎃소변은 정당한 이유가 있다

으응, 기분 상쾌./ 한뎃 소변은 수캐의 특권

전봇대에서 적의 냄새를 맡는다

개의 한뎃 소변은 요의(尿意)와는 관계 없이 자주 눈다. 특히 성숙한 암컷에서 흔히 볼 수 있는 생리적 현상 중 하나이다.

성숙한 수컷은 방뇨하며 걸어 다니므로서 자기의 영역을 의식하며, 성적인 만족감도 맛보는 것이다.

개는 다른 개(특히 암컷)가 소변을 본 곳에 자기의 소변을 뿌리고 뱅뱅 돈다.

이때 먼저 온 개가 어떤 개인가는 냄새로 식별할 수 있다. 그래서 자기의 소변을 뿌려 여기는 내 영역이다라는 것을 표시하고 걷는 것이다.

암컷은 일반적으로 한뎃 소변을 하지 않는다. 한뎃 소변에서 재미있는 점은 두 마리의 수컷이 있을 경우 먼저 한뎃 소변을 하는 것은 힘이 센 개가 하게 되어 있다.

⑥ 문다
개는 배후에서 갑자기 공격해 온다. 정면에서 마주 대할 것

「개가 사람을 물면 뉴스의 소재가 되지 않지만 사람이 개를 물면 기사화 된다」라고 일컬어지듯이 개는 무는 것이 능숙한 동물이다.

그것은 개의 입이 사람의 손에 해당하는 역할을 하고 있기 때문이다.

그러면 개는 어떤 경우에 어떻게 무는 것일까.

무는 버릇은 새끼 때에 형제들과 놀고 있을 때부터 시작된다. 서로 쫓아다니며 뛰고 뒹굴며 물어서 잡는 것을 익혀간다. 성장함에 따라 무는 정도를 알게 되어 사람과 애정을 교환할 때는 가볍게 물게 된다. 더욱 성숙하면 무는 대신에 핥는 것으로 애정을 표시하게 된다.

개가 정말로 물 때는 자기를 지킬 때 즉 보호 본능에 의한 반격 태세인 때이다. 이때는 필사적으로 힘껏 물어 뜯는다.

개가 사람을 무는 것은 그 나름대로의 원인이나 이유가 있겠으나 사람을 무는 것만은 절대로 용서해선 안 된다. 엄중히 벌을 가해 두번 다시 물지 않도록 따끔한 맛을 보여야 한다.

우편 배달부에 종사하는 사람들에 의하면 개에 물리는 경우 중 압도적으로 많이 물리는 부위는 발, 특히 뒷 부분이라고 한다. 즉 개에게 등을 보였을 때 배후에서 덮치는 것이다.

그러므로 집 안에서 개를 기르는 집을 방문했을 때는 반드시 주인과 정면으로 마주 향한 채 밖으로 나오는 것도 한 방법이다.

개의 입은 사람의 손과 같다

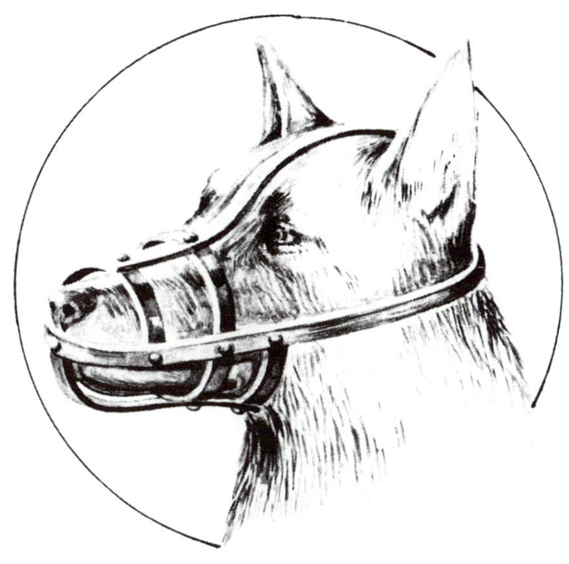

무는 버릇이 있어 마스크를 씌운 개

● 개의 행동

⑦ 싸운다
기분, 스태미너, 경험—이것이
싸움의 승리를 거두는 3대 요소

개끼리 또는 다른 동물과 먹을 것을 놓고 싸울 때는 암컷, 수컷 관계없이 싸움이 벌어진다.

많은 개를 사육하고 있는 경우 그 중에서 우두머리가 되는 것은 수컷이다. 성숙한 수컷이라면 성품이 강한 개가 체력이 좋은 개보다 우두머리가 될 가능성이 많다.

싸움에서 선제 공격을 건 쪽이 대체로 기력이 충실하다. 먼저 공격한 쪽이 반드시 승자가 된다는 법은 없으나 대체로 우세하다.

싸움에 익숙해진 개는 먼저

상대가 멋대로 덤비도록 하여 수비만 하다가 스태미너가 떨어지는 것을 기다려 상대가 지쳤을 때 단숨에 반격하여 넘어뜨린다. 이렇듯 싸움에 능숙한 개는 급소를 교묘하게 노리는 것이다.

이것은 투견 대회에서 싸우는 방법을 보면 잘 알 수 있다. 여하튼 최후의 승자는 기력과 스태미너 그리고 싸움의 경험이 많은 개이다.

개의 투쟁 본능을 이용한 투견

대체로 강한 개가 선제 공격을 건다

⑧ 잠잔다
잠자고 있는 개가 갑자기 짖어대면 개는 꿈을 꾸고 있는 것이다

개를 한마리만 기를 경우 식사할 때, 산책에 따라 나갈 때 이외는 옆으로 누워 있어도 개의 신경은 예민하므로 사소한 소리에도 벌떡 일어나 주위를 살핀다.

개는 잠들어 있는 시간이 긴 데 비해 숙면의 시간은 짧고 선잠 상태로 누워 있다고 생각하면 좋을 것이다.

개가 숙면일 때는 코를 고는 수도 있으며 또 컨디션이 좋을 때는 옆으로 누운 채 다리를 쭉 뻗고 엎드려 누워 있다. 또 개는 사람과 마찬가지로 꿈을 꾸는 것 같으며, 잠들어 있으면서 자주 낮게 짖는 수가 있다.

날씨가 나쁠 때나 추울 때 또는 몸 컨디션이 나쁠 때는 몸집을 웅크리고 머리를 엉덩이 쪽으로 가까이 하고 쉰다.

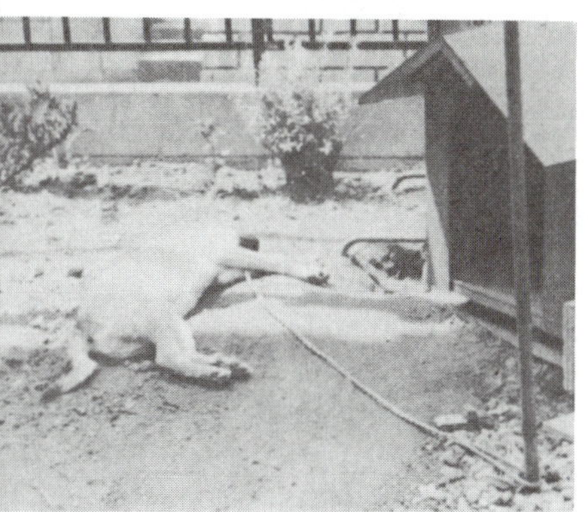

기분이 좋은 듯이 뻗고 있는 개

잠들어 있는 듯 해도 신경은
세우고 있다

⑨ 달린다, 걷는다
개는 장거리 선수

개는 장거리에, 고양이는 단거리에 알맞는 구조이다. 만약 개가 고양이를 추격할 경우 도중에 고양이가 대피할 수 있는 나무나 담장 따위가 없다면 2,300m를 달리기 전에 잡히게 될 것이다.

개가 걷는 법에는 다음 네 가지가 있다.

① 보통 걸음(Walk)

오른쪽 앞다리와 왼쪽 뒷다리, 왼쪽 앞다리와 오른쪽 뒷다리를 번갈아 앞으로 내밀며 걷는 모습은 마치 사람의 걸음걸이와 같이 천천히 산책하는 것과 같은 속도로 개가 여유있게 걷는 걸음걸이다.

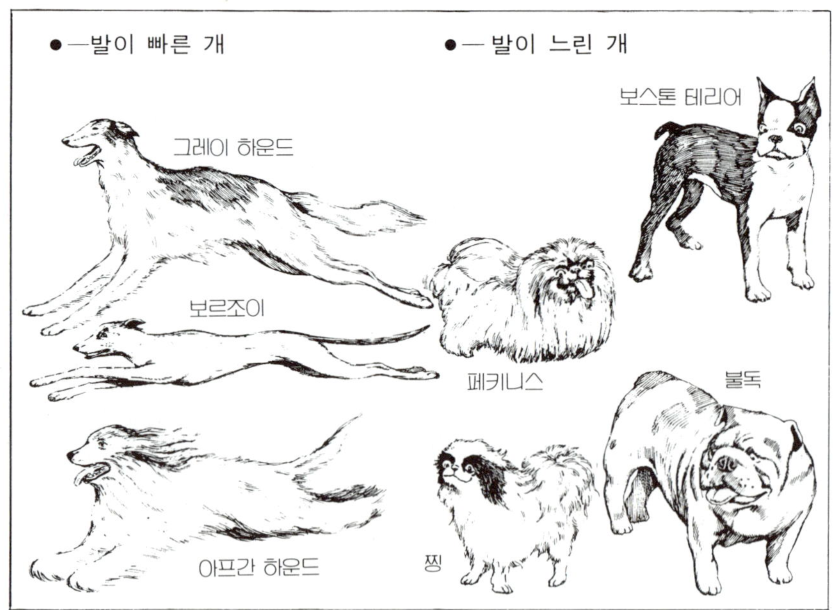

② 빠른 걸음(trot)

보통 걸음걸이보다 속도가 빠른 걸음걸이는 마치 사람이 조깅하는 것과 같다.

③ 구보(gallop)

좌우의 앞다리가 가지런히 나가며, 다음 좌우의 뒷다리도 가지런히 나가는 걸음걸이로 흡사 경주말과 같이 달린다. 이것이 가장 빠른 속도를 낸다.

④ 측대(側對)걸음(anpoule)

같은 쪽 앞, 뒷다리가 동시에 나가며 전진하는 걸음걸이다.

이 걸음걸이는 사람의 걸음 속도에 개가 걸음걸이를 맞추려 할 때 가끔 보인다.

경주견인 그레이 하운드는 1파롱(furlong:경마에서의 길이의 단위)이 11.9초라 하므로 일류 경주말과 맞먹는 스피드가 있다.

개의 걸음걸이

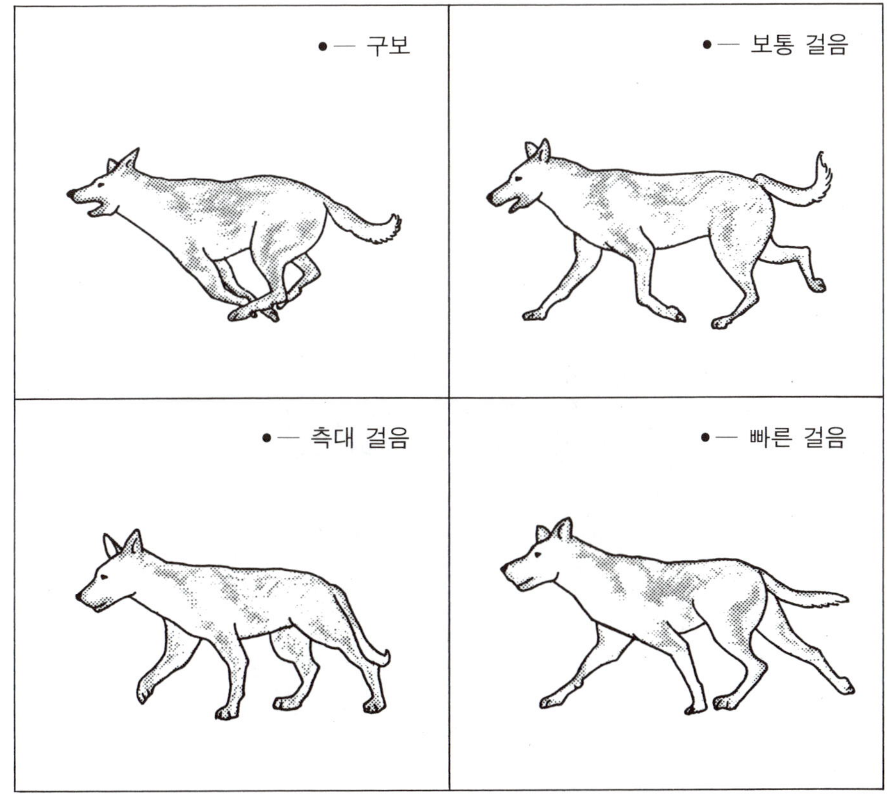

⑩ 헤엄친다

개는 헤엄을 칠수있다

개는 태어나면서 부터 수영의 명수이다. 인간은 헤엄치는 법을 가르치지 않으면 헤엄을 못 치는데 개는 가르쳐 주지 않아도 속칭 "개 헤엄"으로 수영을 한다.

목을 높이 쳐들고 앞발로 번갈아 물을 헤치며 뒷다리가 가라앉지 않도록 상하로 물을 박차면서 속도는 없으나 서서히 헤엄을 친다.

물에서 올라온 개는 푸드득푸드득 몸을 흔들어 원심력으로 물을 팅겨버리므로 몸을 닦아줄 필요가 없다.(단 바닷물은 수도물로 샤워시킨다)

개는 대체로 생후 1개월이면 헤엄을 칠 수 있게 자연히 체격이 구비되어 있다고 한다.

모양은 나빠도 헤엄을 잘 친다

⑪ 뛴다
점프력은 자기 몸높이의 두배를 뛴다

고양이에 비하면 도약하는 순발력은 떨어진다. 그것은 고양이에 비해 근육이 단단하며 체중 때문인데 자기 높이의 3배 정도가 고작이다. 그것도 도움닫기(助走)를 하지 않으면 뛰어 넘을

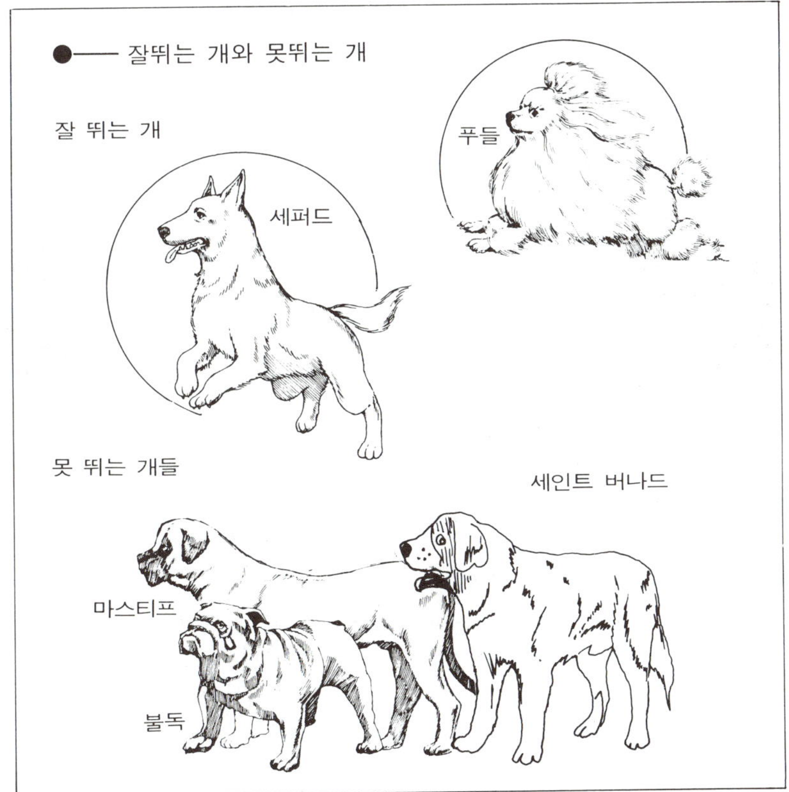

수가 없다.

세인트 버나드와 같이 무거운 개는 아무리 연습해도 자기 몸높이 2배의 장애물을 뛰어넘기란 무리이다. 반대로 푸들이나 세르티와 같이 몸이 가벼워 순발력이 있는 개는 3배 정도는 수월하게 뛰어 넘는다.

세퍼드의 기록에 의하면 5 m 의 판벽을 약 30 m 의 도움닫기로 뛰어 넘고 있다.

높이뛰기가 서투른 개도 넓이 뛰기는 능숙하며 세퍼드는 10 m

군용견으로 널리 사용된 세퍼드견

폭의 허들을 도움닫기 30 m 로 무난히 뛰어 넘는다.

● 개의 행동

⑫ 문다 (입에)
개의 입은 사람의 손이다

개가 물건을 물어 운반하는 것은 원래 먹이 등을 자기 집으로 가져가는 것에서 비롯된 것이다. 현재도 이런 습성이 남아있어 신발이나 슬리퍼 따위를 어디선가 물고 와 개집 속에 들여 놓는 개가 있다.

배달된 신문을 매일 아침 물고 오도록 하는 훈련 등은 일반 가정에서도 할 수 있으므로 시도해 보면 재미있다.

훈련은 어릴 때부터 같이 놀면서 가르치는 것이 필요하다. 예컨대 공을 던져 그것을 쫓아가 물어 오면 칭찬해 주는 따위로 공에 흥미를 갖도록 하면 효과적인 방법이 될 것이다.

사냥감을 입에 물고 오는 조렵견

● 개의 행동

⑬놀다
잘 놀고, 배우도록 상대해 준다

개는 놀기를 좋아하는 동물이다. 고양이는 철학자와 같이 가만히 있는 것을 좋아하나 개는 활동을 좋아하는 습성이 있어 꼼짝하지 않고 있는 때가 거의 없다.

개의 놀이는 개끼리 어울려 노는 것이 제일 즐거운 것이다. 그러나 대부분의 개들은 태어나 얼마 후 어미 곁을 떠나 기르는 사람이 바뀌게 되므로 개끼리 논다는 것은 강아지 시기에 어미 곁에서 형제들과 놀 때 뿐 다시는 그런 기회가 없다.

놀이를 좋아하는 개가 혼자서 놀아야 하므로 심심한 나머지 무엇이든 물어 뜯거나 구멍을 파거나 하는 것이다.

사람이 놀기 좋아하는 것을 이해하고 개의 장난기를 꾸짖거나 하기 전에 개와 놀아 주어야 한다.

공놀이, 헝겊 조각을 물어 뜯어 잡아 당기거나 사람이 달아나면 개가 쫓아 오도록 하여 전신의 운동이 되는 놀이를 짧은 시간이라도 좋으므로 상대해 주면 개의 성격도 매우 밝아진다.

다만, 개를 쫓아 달리는 놀이만은 절대 삼가하도록 해야 한다. 왜냐하면 개를 쫓으면 도망가는 버릇이 생겨 불러도 오시 않는 나쁜 습성이 붙게 된다.

장난이라도 개를 쫓는 것은 삼가해야 한다

개끼리 어울려 노는 것을 즐긴다

⑭ 핥는다.
개에게 핥힌 경험이 있으면 애견 가이다

개가 주인의 얼굴이나 손등 피부를 핥으려 하는 것은 마치 젖먹이가 어머니의 유방을 찾아 살갗에 접촉하는 것과 같은 것으로 사람과 개의 스킨쉽(skinship : 피부관계)을 하고 있는 것이다.

개는 흔히 사람의 얼굴을 핥으려고 한다. 개는 근시이므로 눈과 눈이 가까워졌을 때 얼굴에

더욱 애정을 표시하려고 한다. 그러므로 되도록 얼굴을 핥게 하는 것이 사람과 개의 신뢰 관계를 두텁게 한다.

그러나 얼굴을 핥게 하는 것이 싫은 사람은 자세를 낮추고 얼굴 대신 손을 핥도록 하면 좋을 것이다.

⑮ 혀를 내민다
혀는 개의 체온조절 기관

혀는 인간이라면 음식의 맛을 보는 기관이라 연상되지만 개의 혀는 사람만큼 미각이 발달되어 있지 않은 것 같다.

그러면 개의 혀는 어떤 작용을 하는 것일까. 온 전신이 털로 덮여 있는 개는 사람과 같이 땀샘이 발달되어 있지 않다. 그래서 혀에 있는 땀샘이 그 구실을 한다.

개가 혀를 내미는 것은 스스로 자기 체온을 조절하기 위한 것으로 숨결이 거칠게 헉헉거리며 긴 혀를 내밀며 체온을 조절한다. 또 심한 운동 후에도 혀를 내밀어 침을 흘리면서 심한 호흡을 되풀이 한다. 호흡의 회수에 의해서도 체온의 조절을 꾀하고 있다.

만약 개가 혀를 내밀고 체온 조절을 못하게 한다면 아마도 쓰러질 것이고 강아지라면 죽게 될 것이다.

이것은 여담이지만 개는 죽을 때도 혀를 축 늘어뜨린다. 이것은 죽음에 의해 그때까지 혀를 잡아당기고 있던 근육이 느슨해졌기 때문이다.

전신 모피의 개는 혀로 체온을 조절한다

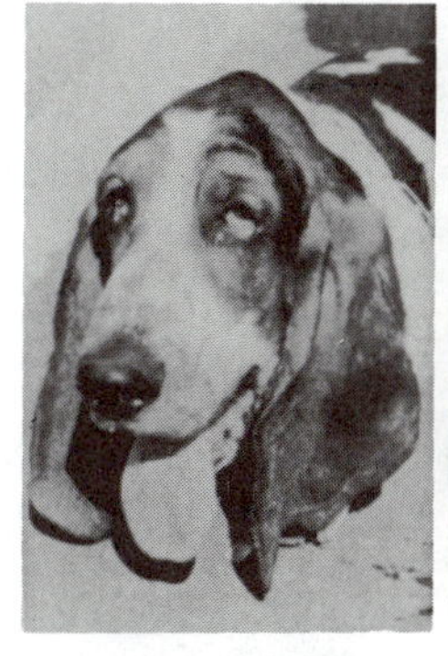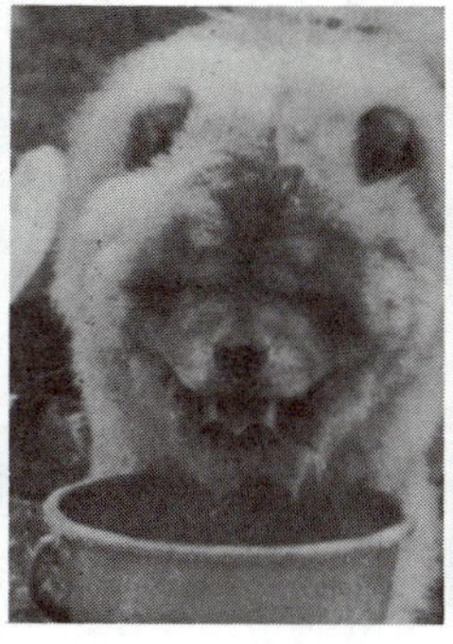

 개의 행동

⑯ 무서워한다
개가 제일 싫어하는 것은 강렬한 천둥소리이다

개가 제일 무서워 하는 것은 음향이다. 천둥소리나 폭음, 총성 등의 강렬한 소리에 대해 놀라지 않는 개는 없다. 다만 소리에 대해 민감하냐, 둔하냐가 있을 뿐이다.

소리에 민감한 개는 자동차의 펑크 소리에도 움츠리며 도망간다. 그리고 어디든 숨어서 떨고 있다.

한번 이러한 상태가 된 개는 아무리 불러도 오지 않는다. 이 것은 음향공포증이란 일종의 병인데 무서운 소리가 그쳐도 한동안 정신 이상을 가져와 일종의 반 광란 상태가 계속된다.

사냥개가 사냥에 나갔다가 처음 한 발의 총성에 놀라 달아나 행방 불명이 되었다는 케이스는 흔히 있는 일이다.

개는 소리 외에 불이나 빛도 무서워 한다고 하나 사람과의 오랜 공동 생활에서인지 다른 동물에 비해 덜 무서워하는 것

원래 불을 무서워 하는 개도 인간과의 오랜 공동 생활의 결과 불을 무서워
하지 않게 되었다

같다.

산장의 벽난로 옆에서도 안심하고 딩구는 것을 보면 불은 인간 생활의 필수품의 일부라 해석하고 있는 모양이다.

● 개의 기능

① 청각
개의 청각은 인간 시력 4～16배

개의 청각은 사람보다 4～10배가 뛰어나다

개의 청각은 같은 물체가 떨어지는 소리라면 사람보다 약 4배의 거리에서도 들린다고 하며 작은 소리라도 사람보다 약 16배나 좋은 청각을 지니고 있어 사람에게는 들리지 않는 소리도 들을 수 있다.

인간이 들을 수 있는 음파는 20사이클에서 20킬로 사이클로 그 이상의 음파는 귀로 들을 수 없으나 개는 120킬로 사이클 이상의 초음파가 들린다는 것이 증명됐다.

따라서 초음파를 이용하여 개를 훈련하여 명령을 내린다면 가능한 것이다.

●― 귀 모양의 여러 가지

귀를 움직이며 소리를 포착한다

● 개의 기능

② 시각

개의 눈은 근시로 색맹 이지만 밤눈이 밝아 도둑에게 천적

개는 시야가 좁고 먼 곳이 잘 보이지 않는 이른바 근시이다. 그러나 움직이는 물체에 대해서는 민감하게 반응한다.

후각에 의존하며 생활하는 개는 가까운 데 있는 것도 시각에 의해 확인하려 하지 않고 후각에 의지한다. 눈 앞에 있는 것도 냄새를 맡으면서 다가오는 모양은 개를 기르고 있는 사람이라면 경험한 바 있을 것이다.

원래 야행성의 동물이었던 관계로 동공(瞳孔)의 축소, 확대의 조절은 민감하여 어두운 곳에서도 자유롭게 행동할 수 있으며 움직이는 물체를 재빨리 발견한다.

사람의 눈보다 평면이 아닌 약간 비스듬히 되어 있어 사람보다 좌우의 시야가 넓게 되어 있다.

48

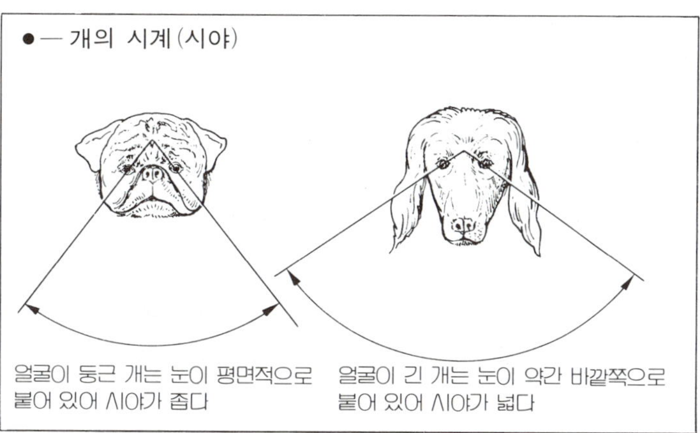

눈 모양의 여러 가지

● 개의 기능

③ 후각
후각은 실로 사람의 100만배

개의 감각 기관 중에서 가장 발달한 것이 후각이다.

후각은 인간의 시각에 맞먹는 것으로 후각 신경이 제거되면 개는 장님과 같아 정상적인 생활을 하지 못하게 된다.

개의 후각이 얼마나 훌륭한가는 우리들의 상상을 초월한다. 인간의 후각은 동물계에서 가장 떨어지므로 전혀 비교가 되지 않는다.

개는 인간의 코(후각) 보다도 100만 배에서 300만 배나 훌륭하다라고 일컬어지고 있다.

물론 같은 개라도 후각 능력의 차이는 있다. 대체로 주둥이가 긴 개는 후각이 뛰어나다고 한다.

블러드 하운드는 미국에서 행방 불명이 된 어린이의 수색에서 100시간이 지났는데도 추적하여 찾아낸 기록이 있으며, 형무소 등에서 탈출범의 추적에는 여러 마리의 개가 협력하여 효과를 올리고 있다.

세퍼드는 범행 현장에서 범인이 도망간 발자취를 추적하여

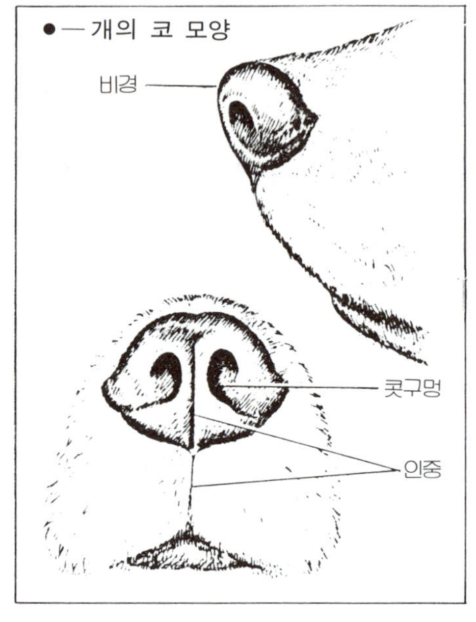

범인 체포의 공을 세운 사건은 흔히 있는 일이며 후각을 구사하여 사회 질서 확보에 활약하고 있는 것은 이미 다 아는 바이다.

주둥이가 긴 개가 후각이 뛰어나다

②미각
미각은 별로 발달되지 않았다

개의 입은 사람의 손에 해당된다. 코에 이어 중요한 기관이다. 물론 인간의 미각과 비교한 것으로 다른 동물과 달라 인간에 의해 사육된 역사가 길기 때문에 육식 동물의 기관을 갖고 있으면서 잡식으로 인간이 주는 먹이에 순응해 왔다.

개의 턱의 힘은 강하며 세퍼드는 10kg 무게의 보따리도 입에 물고 다닐 수가 있다. 또 영국에 있었던 황소와 개를 싸우게 하는 경기에서 황소를 1시간 이상이나 물고 놓지 않았다고 한다. 오늘날의 불독의 선조이다.

◀ 주둥이가 가장 긴 보르조이

짧은 털이 밀생한 닥스훈드

와이어 헤어의 에델 테리아

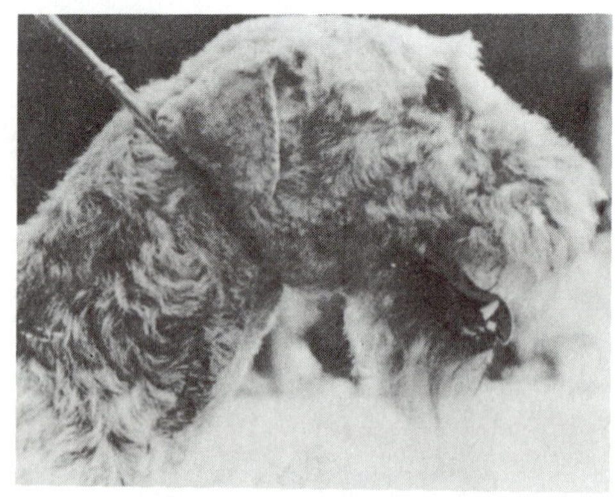

아름다운 몸털의 시이즈

제 2 장　개를 기르는 즐거움

푸들

⑴ 개만큼 귀여운 동물은 없다

치 와 와

■ 개는 배신이 없다

『톰소여의 모험』 등으로 이미 우리에게 잘 알려진 미국의 문호 마아크 트윈은 이런 말을 하고 있다.——「굶어 허기진 개를 데려다가 충분한 먹이를 주어 길러주면 그 개는 결코 주인을 물지 않는다. 이것이 개와 인간의 차이점이다.(인간이란 은혜를 잊어버리는 자가 많다)」

예를 들어「기르는 개에게 손을 물린다」라는 말이 있지만 자기를 귀여워 해주는 주인의 손을 무는 개는 아마 없을 것이다. 오히려 한무리인 개보다도 자기를 돌봐주는 주인을 더 신뢰하고 따르는 것이 개라는 동물이다. 개의 최대의 즐거움은 주인과 함께 보내는 시간으로, 마당에서나 방안에서 가족들의 대화를 듣는 것처럼 귀를 쫑긋 세운다든지 움직이는 것을 관찰하듯 눈을 치켜 떠 보는 것, 또는 주인과 함께 산책을 나가는 것 등——이러한 것이야말로 개에게 있어서 최대의 즐거움이다. 서양 사람들은 개를 사람의 가장 좋은 친구(best friend)라 말하며 귀여워 하는데 어째서 그렇게 귀여움을 받게 되었는가 라고 물으면「개는 혀를 휘두르지 않고 꼬리를 휘두르기 때문이다」라고 대답한다. 이것은 개의 충실성, 순종성을 나타내주며 사람들처럼 이랬다 저랬다하는 일구이언(一口二言)을 하지 않는 것을 함축한 말이기도 하다.

그리고 애정, 용기, 영리함 등에서도 개에 견줄만한 동물은 없다.

여러분도 실제 길러 보면 개만큼 귀여운 동물이 없다는 것을 알게 될 것이다.

(2) 개는 기르는 사람의 거울

■ 애견이 있는 즐거운 생활을

개가 기르는 사람의 동작이나 태도에 얼마나 관심을 쏟고 있느냐 하는 것은 여러해 기르는 동안 개는 성격이나 태도가 주인과 비슷해질뿐아니라 그 얼굴 생김새의 분위기까지 닮아간다고 일컬어지는 것으로도 알 수 있

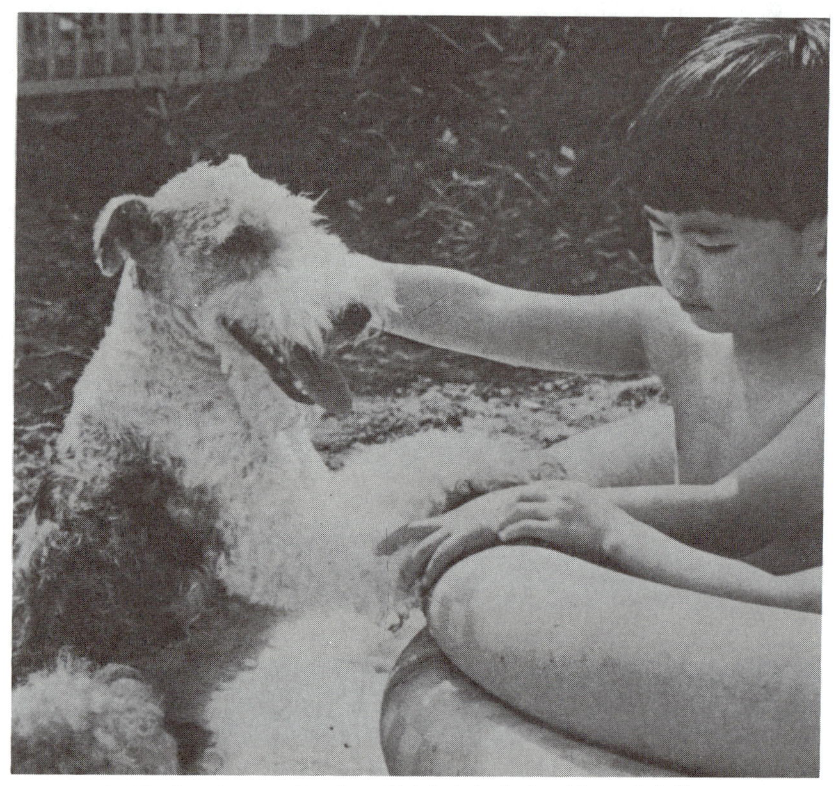

귀여운 애견이 있는 즐거운 생활（와이어 헤어드 폭스 테리어）

다. 옛부터 자식을 보면 그 부모를 알 수 있다고 하는 말과 같은 의미로 「개는 기르는 사람의 거울이다」라는 말이 생길 정도이다.

어떻든 개와 인간의 유대감은 유사이전부터라 전해져, 역사가 오래된 만큼 개의 종류도 많고, 모든 동물 중에서 개만큼 인간의 생활에 깊은 유대를 지니고 있는 동물도 별로 없으며 그리고 이점은 실제 길러 보아야 개의 귀여움이 어느 정도로 뛰어난 것인가를 느낄 수 있는 것이다.

개를 기르는 것은 키우는 법의 기본만 확실히 지키면 결코 어려운 것이 아니다. 그러나 개는 살아있는 동물이므로 그에 상응한 보살핌을 해주어야 하며 항상 돌봐 주지 않으면 건강하게 훌륭히 키울 수가 없다. 아무쪼록 본서에 의해 개의 올바른 지식을 몸에 익혀 귀여운 애견과 함께 즐거운 생활을 시작하기 바란다.

제 3 장 개를 기르기에 앞서

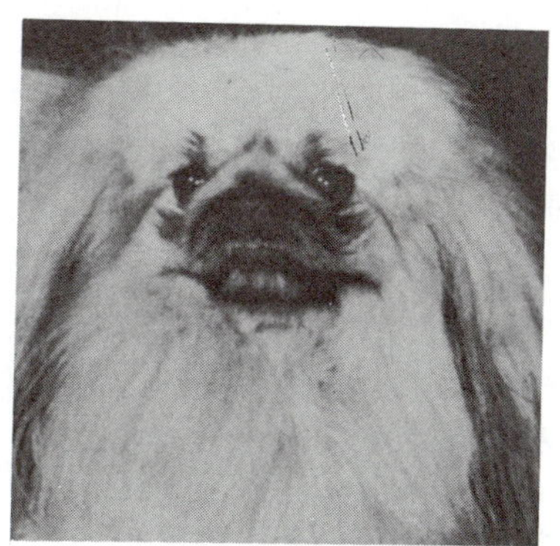

페키니스

(1) 기르는 사람의 마음가짐

■ 끝까지 돌봐줄 마음으로

개는 말 못하는 가족의 한식구라 한다.

개를 기르게 되면 가족 외에 개라는 새로운 일원을 맞아들이는 것이므로 기르는 사람은 당연히 여러 가지 의무나 책임이 따르게 된다. 기르는 장소, 비용, 먹이의 시중이나 매일의 운동 등, 사전에 여러 방면으로 생각해 두지 않으면 안 되며 개를 기르게 되면, 가족이 모두 함께 떠나는 여행 따위도 뜻대로 할 수 없게 되는 것이다. 개의 수명이 10~15년이므로 그 정도의 앞날까지 고려하지 않으면 진정으로 개를 행복하게 해주며 즐거운 사육을 기대할 수 없는 것이다.

자칫 일시적인 기분이나 어린이의 장난감으로 개를 기르다가 금방 싫증을 느끼고, 귀찮아하거나, 제대로 돌보지 못하게 되어서는 기르는 사람도 개도 불행하게 될 뿐이다. 다행스럽게도 개를 좋아하는 사람이 데려가면

세퍼드의 새끼

퍼그와 논다

모르지만 데려다 길러줄 사람이 나타나지 않아 어쩔 수 없이 계속 기르게
되면, 기르는 사람이나 개에게도 불행한 일이다.

　따라서 일시적인 호기심이나 즉흥적인 생각에서 개를 구입 또는 인수하
는 따위는 삼가해야 한다. 이것이 애견가가 첫째로 지킬 마음가짐이다. 오
랜 시간 동안 계속해서 개의 일생을 위해 운동이나 건강에도 충분한 배려
를 하여 마지막까지 상냥하게 돌보아 줄 수 있는 자신이 있을 때 비로소
개를 기르도록 해야 한다. 어쨌든 자신을 길러주는 개의 입장에서 보면
이 세상에서 길러주는 주인 외에 의지할 사람이 아무도 없는 것이기 때문
이다.

　다음으로 이웃이나 남에게 폐가 되지 않도록 기르는 법에 유념해야 한
다.

　주택이 오밀조밀한 골목길에서 넓은 뜰도 없는데 대형견을 기른다면
개도 자유스럽지 못할 것이며 지나다니는 사람도 개가 무서워 그 길을 마
음놓고 지나가지 못하게 되는 경우도 생기게 된다.

　또한 아파트의 입구에서 개가 멍멍 짖어대는 것도 격에 맞지 않는다.

　개를 좋아하는 사람은 이따금 세상 사람들 전부가 개를 좋아하는 것처
럼 착각하고 있으나, 세상에는 개를 싫어하는 사람도 상당히 많다는 점을
잊어서는 안 되는 것이다.

세퍼드

그리고 개를 기를 경우의 규칙이나 법률도 지켜야 한다. 연 2회 광견병 예방주사는 애견가의 의무이므로 절대 게을리하면 안 된다.

(2) 개 고르는 법

■ 우리 집에 맞는 개를

개를 기르며 귀여워하는 경우, 어떤 순혈종(純血種)의 명견이든 잡종견이든 그 귀여움에는 조금의 차이도 없다. 어떤 개라도 크거나 작거나 간에 파수를 보는 이른바 번견(番犬 : 집을 지키는 개)의 구실을 해준다. 그러므로 비록 잡종견을 얻어다 길러도 그런 의미에서는 아무 상관이 없는 것이다.

그러나 실제로 개를 기르다 보면 남의 개에게도 눈이 쏠리게 되고 견종

그레이트 댄

(犬種)에 관한 것 등도 자연히 관심을 갖게 되어 차츰 혈통이 확실한 순혈종을 갖고 싶어하는 것이 보통이다. 그리고 잡종견의 새끼가 태어났을 경우를 생각하면 아무래도 분양해 줄 상대가 한정되어 처분이 곤란하게 되며 분양 받은 사육주 쪽에서도 잡종이면 소중히 다루어주지 않는 경우가 많다.

그러한 점을 감안해 볼 때 역시 혈통서(血統書)가 명시된 순혈종을 선택하는 것이 더할 나위없이 좋을 것이다.

개를 선택하는 경우 우선 중요한 것은 사육환경에 맞는 개를 고르는 것이다.

넓은 뜰이 있는 저택이라면 그레이트 댄(Great Dane)이나 세인트 버나드(St. Bernard)같은 대형견을 기를 수 있지만 뜰이 거의 없는 주택이나 맨션 등에서는 도저히 기를 수가 없다. 반대로 말티스(Maltese)나 포메라니언(Pomeranean)과 같은 소형견이면 방 하나에서도 충분히 기를 수가 있다. 대형견을 좋아하는 사람과 소형견을 좋아하는 사람이 있는데 사람에 따라 취미는 갖가지이지만 그 기호 이전에 사육조건을 먼저 고려하는

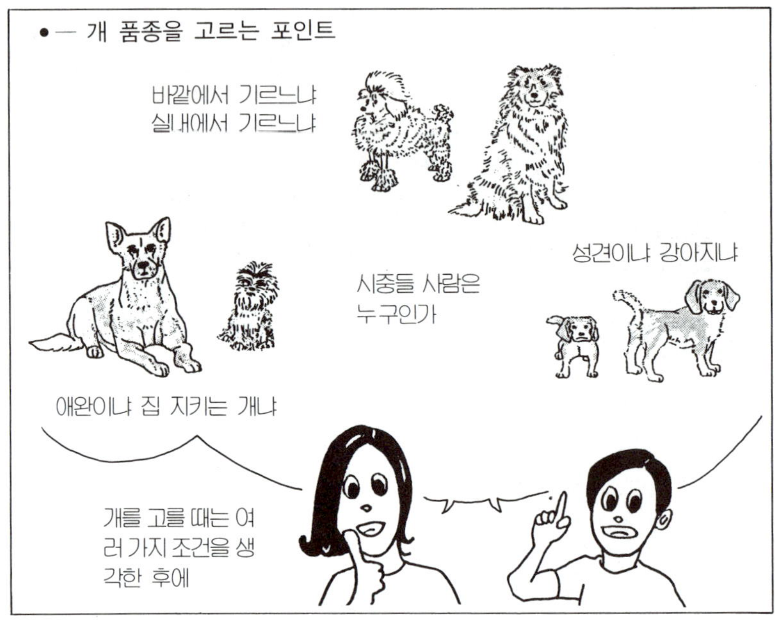

것이 필요하다.

다음은 어떤 목적에서 기르는가, 자기가 개에게 가장 바라고 있는 것은 무엇인가, 그 기르는 목적을 확실히 정해야 한다. 개의 역할에는 집 지키는 개, 사냥개, 아이들의 놀이 상대, 가정의 애완견, 경연 대회용, 돈을 벌기 위한 이식용(利殖用) 등 기르는 목적이 다양하다.

여러 가지 중 자기가 제일 희망하고 있는 목적은 무엇인가를 잘 생각하여 그 목적에 맞는 개를 고르면 실망하는 일이 없고 차질도 없다. 위험한 것은 사육의 목적을 신중하게 생각하지 않고 눈 앞의 강아지가 귀엽다하여 일시적인 기분에서 개를 선택하는 경우가 있는데 이것은 불행한 결과로 끝나는 수가 적지 않다.

그리고, 대형견의 경우는 먹이의 양이 많으므로 사육비를 무시할 수 없으며 아침 저녁의 운동도 여성이나 어린이에게는 무리이므로 그러한 점도 충분히 고려하도록 해야 한다. 요컨대 사육조건이나 기르는 목적을 잘 생각한 후에 많은 견종 중에서 우리 집에 맞는 개를 선택하는 것이 가장 중요하다.

● ─ 건강한 개의 판별법

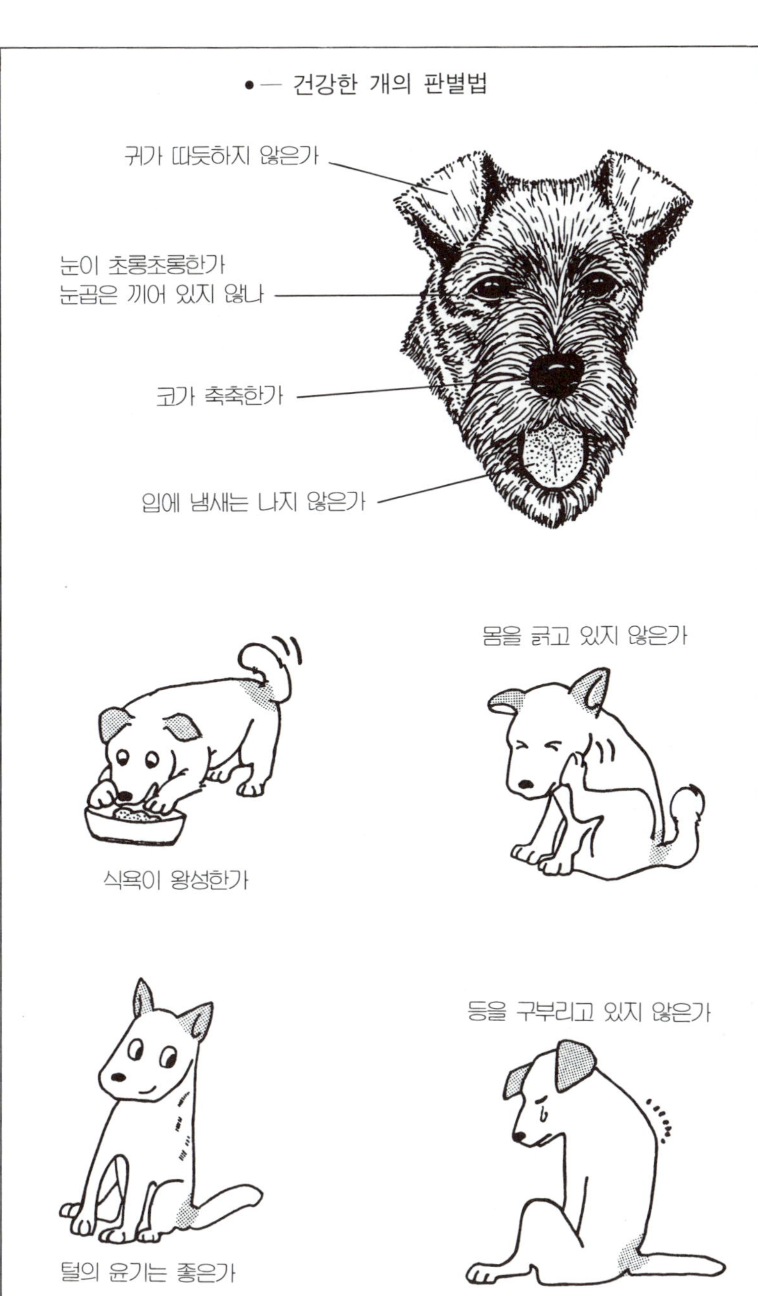
귀가 따듯하지 않은가
눈이 초롱초롱한가
눈곱은 끼어 있지 않나
코가 축축한가
입에 냄새는 나지 않은가
몸을 긁고 있지 않은가
식욕이 왕성한가
등을 구부리고 있지 않은가
털의 윤기는 좋은가

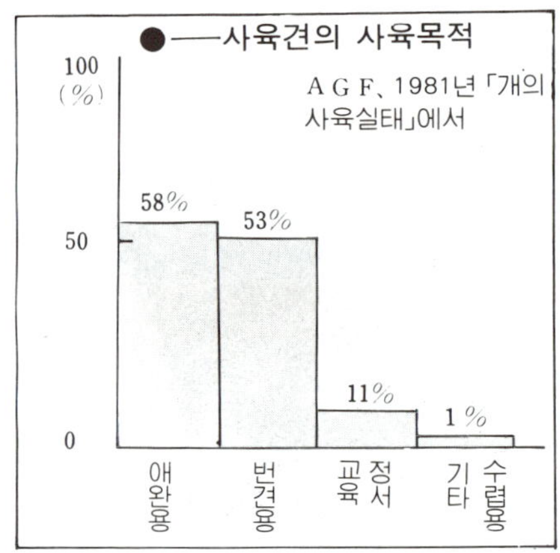

■ 개의 종류

개의 종류는 매우 많아 세계적으로 공인되어 있는 견종만 해도 100종 이상이나 있으며, 그 밖의 미공인의 지방견(진도개 등의 한국견도 그에 해당)까지 합하면 그 수는 대충 200여 종이 된다고 한다.

■ 용도별 분류

개는 용도별로 분류하면 ① 조렵견(鳥獵犬 : Sporting dog) ② 수렵견 (狩獵犬 : Hound dog) ③ 작업견(作業犬 : Working dog) ④ 테리어(Te rrier) ⑤ 애완견(愛玩犬 : Toy dog) ⑥ 비렵견(非獵犬 : Non sporting do g)으로 나뉘며, 이렇게 세계적으로 견종의 규격을 만들어 공인하고 있 는 기관은 벨기에에 본부가 있는 국제축견연맹(FCI)이다.

이 밖에 개는 크기에 의해서도 대형, 중형, 소형으로 나눌 수 있으므로 참고로 분류의 예를 들어 둔다.

① 대형견(최고 55cm 이상) : 마스티프, 보르조이, 세인트 버나드, 그레이트 댄

② 중형견(최고 40~55cm) : 포인터, 도베르만 핀세르, 세퍼드, 콜리, 불독, 진도개 등.

③ 소형견(40cm 이하) : 아메리칸 콕커 스파니엘, 보스톤 테리어, 스코티시 테리어, 포메라니언, 닥스훈드, 페키니스, 말티스, 치와와 등.

이들 수많은 견종 중에서 우리집에 맞는 개를 고른다는 것은 상당히 어

려우며 상당한 지식도 필요한데 사육의 준비로서 계획을 세우는 자체에도 즐거움이 있다. 개를 선정할 때는 가족 전원이 기르는 것이므로, 가족 모두의 의견을 다 선택함으로써 누구에게나 사랑받도록 해야 한다.

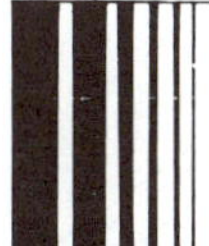 (3) 혈통서(血統書)에 대하여 

■ 혈통이 좌우하지는 않지만

개를 매매할 경우 혈통서가 큰 의미를 차지한다. 혈통서는 그 개의 순수성이나 혈통을 증명하는 유일한 것으로 사람으로 말하자면 호적 등본과 같은 것이다.

혈통서는 태어난 강아지를 권위있는 등록 단체에 등록하여 만들어지는 것이므로 등록은 견종의 순수성을 유지하며 나아가서는 훌륭한 개로 개량해가기 위해서 반드시 이행해야 하는 것이다. 이처럼 중요한 것이니만큼 그 개의 올바른 혈통을 증명하는 혈통서가 개의 매매에 있어서 큰 의미를 갖게 되는 것이다.

그러나, 이것은 인간의 경우도 마찬가지이지만 아무리 명문출신이라해도 그 사람 자신이 훌륭하지 못하면 아무런 의미가 없듯이 개의 경우도 훌륭한 명견의 혈통을 이어받았다 해도 그 개가 좋지 못하면 아무런 의미가 없는 것이다. 그럼에도 불구하고 아직도 개 그 자체보다도 혈통서만 무턱대고 중요시하는 사람이 결코 적지 않다.

요컨대 문제는 개 자체의 우월에 있는 것이며 혈통서는 그것을 증명하기 위한 방법에 지나지 않는다. 어디까지나 본말을 그르치지 않도록 유념해야 할 것이다.

다만, 좋은 개로 키워 경연 대회에 출연시킨다든가 개를 번식시켜 돈벌이를 꾀하는 즐거움을 맛보기 위해서는 역시 혈통서의 가치를 무시할 수 없다.

그리고 또 하나 부언해 두고 싶은 것은 혈통서의 혈통에만 신경 쓸 것

무턱대고 짖거나, 꽁무니 빼면 나약한 개

이 아니라 가능하면 어미개의 습성등을 잘 조사한 후에 강아지를 사는 것
이다. 대·소변 가리는 습성이라든가 그 밖에 나쁜 버릇이 어미로부터 유
전되는 수도 있는데 이와 같은 버릇은 혈통서를 보는 것으로만은 알 수
없기 때문이다.

(4) 개를 잘 구입하는 방법

■ 전문가의 의견을 듣는다

 개의 종류가 정해지면 개를 구입하게 되는데 그 방법에는 크게 나누어
다음 세가지 방법이 있다.

가장 일반적인 것은 (1)의 개를 파는 가게에서 사는 방법인데 이곳에서
는 여러 가지 종류의 개가 구비되어 있으므로 구입하고자 하는 개를 금방

부르면 다가오는 것은 명랑한 성격의 개

구입할 수 있다. 그 중에는 신용하기 어려운 가게도 있으므로 사전에 되도록 많은 사람의 의견을 들어 평판이 좋은 가게에서 구입하면 틀림이 없다.

개를 처음 사는 사람은 가능하면 개에 대해 잘 아는 사람과 의논하여, 함께 가게까지 동행할 수 있으면 안심하고 살수 있을 것이다.

개는 무엇보다도 건강한 것을 골라야 한다. 새끼는 움직임이 활발하고 털의 윤기가 좋으며 몸체가 통통하고 탄력있는 것이 좋은 반면 코가 건조한 것이나 눈곱이 끼어 있는 것은 피하도록 한다. 또 엉덩이의 항문이 죄어져 있는 것과 잘 먹고 잘 자는 것이 건강한 개이다.

이미 자란 개의 경우도 생기가 넘치는 듯한 활달함이 없는 개는 어딘가 건강이 좋지 않으므로 디스템퍼(distemper) 등 지금까지 걸렸던 병에 관해서도 알아볼 필요가 있다.

특히 좋은 개를 바랄 경우에는 번식 전문가에게 직접 의뢰하여 선정을 받으면 더욱 좋을 것이다. 번식시킨 사람으로부터 직접 구입한 경우는 개집까지 가서 어미개를 볼 수 있으므로 안심할 수 있으며 여러 가지 어드바이스도 들을 수 있으므로 참고가 된다.

(2)의 방법으로 개를 구입할 때는 아는 사람이 없으면 각 견종별로 애호자 단체가 있으므로 그런 곳에 신청하면 구입하고자 하는 사람의 희망

신발을 물고 오는 세퍼드 새끼

에 따라 번식자를 소개해 주므로 가격도 터무니없이 비싸지 않을 것이다.

　이렇게 새끼를 구입하게 됨을 계기로 낯익은 사이가 되면 그 후에도 상거래를 떠나 여러 가지 좋은 의논 상대가 되어 주는 편의도 있다.

　(3)의 아는 사람에게 분양 받는 경우도 대체로 (2)의 방법과 같다고 생각하면 될 것이다.

소형견은 실내견에
알맞다.

제 4 장 인기 유행견 10종

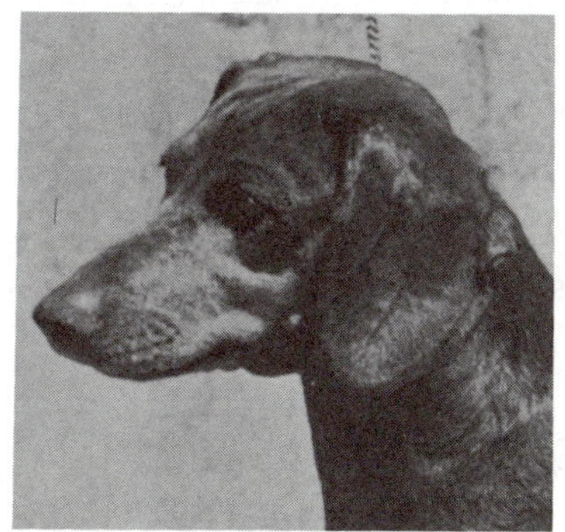

닥스훈드

　요즈음의 도회지에서는 넓은 뜰이 있는 주택을 갖는 것이 어려울뿐더러 아파트 단지나 맨션이 급증하기 때문에 소형의 애완견이 유행견종으로서 붐을 이루고 있다.

　얼마 전까지만 해도 큰 개는 물론이고 애완견마저 아파트 안에서 키우는 일이 금지 되어 왔으나 요즈음 들어서야 애완견 정도는 무방한 것으로 여겨줄 만큼 나아진 것이다.

　주인을 잘 만나면 귀여움을 받으면서 살 수 있는 애완견은 세계에 약 100여 종이 있으며 국내에서도 희망한다면 어떠한 종류의 개도 그리 어렵지 않게 구입할 수 있으므로 그 중 대표적인 것 10종을 골라 상세히 소개하겠다.

1. 말티스(Maltese)

　온몸이 순백의 긴 털로 덮여 그 긴 털을 땅바닥에 드리운 채 걸어다니는 무척 귀여운 인기종이다.　얼른 보면 머리와 꼬리를 분간하기 어려울

말티스

말티스(강아지)

정도인데 이 머리에 늘어진 긴 털은, 강한 태양 광선에서 눈을 보호하기 위해서라고 한다.

지중해의 말타섬 토종견을 선조로 하는 3000년 전부터 알려진 오래된 종류의 하나이다. 17세기에 영국이나 유럽 각지로 건너나 상류사회 사람들의 인기를 독차지 하였다. 성질은 극히 유순하고 영리하며 쥐 잡는 데는 뛰어난 재주를 겸비하고 있다.

애완견 중에서도 오래 전부터 국내에서도 즐겨 기르고 있는 것 중 하나로 귀염성있는 자태는 애완견 전람회, 경연 대회에 있어서나 가정에 있어서도 많은 사람들을 즐겁게 해준다. 또한 부인들의 애완견으로는 가장 적합한 개라 말할 수 있다. 체중은 3.2kg 이하로 2.25kg 전후가 이상적이라 되어 있으나, 부인들의 품에서 애호되는 관계로 가볍고 작을수록 좋은 것이라 되어 있다.

코는 까맣고 귀는 늘어져 긴 털에 덮여 있다. 눈은 매우 진한 암색으로 눈꺼풀이 검은 것이 표정을 더 아름답게 돋보이게 한다.

몸털은 명주실 모양이며 잔털(下毛 : 솜털)은 없고 털색은 순백이며 좋은 개일수록 몸털이 풍부하고 보기에도 사랑스럽고 아름다운 애완견이다.

그러나 털이 새하얗기 때문에 더러움이 눈에 잘 띄므로 하얗게 유지하기 위해서 손질을 게을리 하면 안 된다.

눈 아래가 노랗게 변색되는 것은 손질이 충분하지 않기 때문이다.

얼굴에 드리워지는 털을 머리에 올리고 빨간 리본을 달아주면 순백의 몸털이나 암색의 눈과 잘 어울려 한층 앙징스런 느낌을 준다.

2. 찡(chin)

일본산의 대표적인 견종으로 세계적으로 인정되고 있으며 그 수가 그리 많지 않은 개로, 본디 일본 토종의 개가 아니라, 서기 732년에 중국에서 건너간 개를 일본에서 개량한 것으로 그 조상은 퍼그(pug)나 페키니스(pekingese)와 같은 것이라 생각되고 있다. 일명, 「재패니스 스파니엘(Japanese spaniel)이라 부르고 있다.

옛부터 고귀한 개로서 상류층 부인들 사이에서 소중히 애완되었고 체취

찡(狆 : 강아지)

찡(狆)

(體臭)도 적으며 대·소변을 가리는 버릇도 좋으며 청결한 것을 좋아하는 성질을 갖고 있다. 성격은 영리하며 유순하다

찡(chin)은 비교적 머리가 크며 두개골의 폭이 넓고 둥그스름하며 눈은 동그랗고 크며 검게 빛난다. 귀는 작은 V자형으로 장식털이 있다. 미간은 움푹 깊이 들어갔고 콧등은 매우 짧으며 폭넓은 비강과 큰 콧구멍을 갖고 있다.

몸매는 가늘고 긴 방형체(方形体)로, 가냘픈 다리는 반듯하다. 비단 모양의 풍요한 털은 대체로 흰색과 흑색인데 흰색과 다갈색과 같은 경우도 있다.

꼬리는 아름다운 긴 털에 덮여 등 위에 얹혀져 있다.

몸높이는 25~30cm 안팎이며 체중은 대충 1.5kg 정도가 최상의 것으로 친다.

찡은 우아한 풍채와 기품이 있는 소형 애완견이다.

3. 포메라니언(Pomeranian)

포메라니언

현재의 포메라니언은 체중이 1.8~2.3kg의 소형견이지만 원래는 13kg을 웃도는 크기의 개였다. 옛 독일의 소형 목양견이 지금과 같은 소형 애완견으로 개량된 것으로 주둥이가 뾰죽하며 곧게 선 작은 귀를 갖고 덥수룩한 몸털과 장식털이 있는 꼬리를 갖고 있는 개였다. 그것이 차츰 소형을 좋아하는 경향에 따라 번식가들이 좋은 자질과 아름다운 몸털을 그대로 유지하면서 조금씩 소형화시켜, 오늘과 같은 매력에 넘치는 애완견으로까지 개량한 것이다.

포메라니언은 주둥이가 짧고 뾰죽하며 쫑긋한 작은 귀에 풍부한 장식털

포메라니언(아래는 강아지들)

이 있는 꼬리를 등에 얹고, 온몸이 아름다운 긴 털로 덮여 있는데 뭐니뭐
니해도 그 최대의 매력은 몸털의 화려한 화사함이다. 털색은 검은색, 갈색,
쵸콜렛색, 오렌지색, 등 한 두가지 색과 그 혼색이 있으나, 혼색보다는 단
색이 인기를 끌며 그 중에서도 오렌지색을 가장 좋아하는 것 같다.
　몸털은 잔털인 속털과 몸 전체를 덮고 있는 긴 털로 되어 있으며 속털은 부드럽고 덥수룩하며 긴 털은 윤기가 있고 똑바로 뻗어 온몸을 덮고 있다. 턱과 어깨, 가슴에 특히 털이 많으며 턱 주위에 화려한 장식털이 있다. 우리나라에서도 영국에서 좋은 개를 들여와 견종 개량에 힘쓰고 있으므로 이후 애완견으로서 더욱 수가 늘어날 것이다.

표정이 지적이며 머리도 영리하다.

동작은 활발하고 경쾌해 보이므로 보기에도 쾌활한 느낌이 드는 개이다. 무턱대고 짖어대는 일도 없고, 더구나 집을 지키는 개의 구실을 해 내며 기르기 쉬우므로 실내견으로서도 첫째 가는 개이다.

4. 닥스훈드(Dachshund)

단모종의 닥스훈드

독일에서 개량된 개로 주로 오소리 사냥개로 쓰여져 왔던 것이다. 오소리는 힘이 세고 인내심이 강하기 때문에 그에 대항하려면 체력이 강하고 예민성과 용기도 필요하므로 이러한 이유에서 닥스훈드가 만들어져서 개량되었다. 원래는 체중이 14~16kg이나 되는 사냥개였는데 영국에 건너가 처음에는 사냥개로 분류되었고 그 후 미국에서 인기있는 개가 되어 단모

(短毛), 장모(長毛), 와이어 헤어드의 강모종(剛毛種) 이렇게 3종으로 구
별되었다.

극단적으로 다리가 짧고 몸통이 늘씬하게 길어 마치 토관에 짧은 수족
을 붙여놓은 듯한 독특한 스타일로 조금 뒤뚱거리는 느낌의 유머스러운
걸음걸이를 한다. 그러나 약한 느낌은 없고 대담한 태도로 영리한 듯한
표정을 짓고, 털이 윤기가 있는 아름다운 개이다.

매우 독특한 스타일이기 때문에 이런 점을 싫어하는 사람이 있는 반면
좋아하는 사람도 많으며 부인들 사이에는 애완견으로서 인기를 끌고 있다.

일단 이 개를 길러보면 묘한 애착심을 불러 일으키는 이상한 매력을 지
니고 있다.

단모종이 가장 일반적이며 장모종이나 와이어 헤어드의 강모종은 단모
종에 세터 스파니엘을 교배시켜 나온 것이다. 체중도 대형에서부터 미니
어처 종까지 있어, 체중 2.5kg이하 까지의 것이 만들어져 있다.

털색은 단색과 두가지 색이 혼합된 것이 있으며 단색은 빨강 일색(황갈

닥스훈드의 강아지

색)과 황갈색에 털끝이 약간 검은 것이 있다. 두가지 색이 혼합된 것에는 검은 색에 황갈색 점이 있는 것, 쵸콜렛색에 황갈색 점이 있는 것 등이 있으며 어느 털색의 경우도 눈빛은 암색일수록 좋다고 한다. 경연 대회에 출연시킬 때에는 헝겊에다 기름을 묻혀 몸을 닦아 주면 좋으며 가장 돌볼 것 없는 견종이다.

5. 푸 들(Poodle)

푸들은 그 크기에서 스탠더드, 미니어처, 토이(Toy : 장난감)로 분류되어 있다. 토이는 제일 작은 애완견으로서 몸높이 28cm이상은 토이로서 인정하지 않는다.

푸들은 원래 프랑스에서 사냥개로 사용되어 온 것인데 영국으로 건너가서 푸들이란 명칭으로 불리우게 되었다. 스탠더드 푸들이 원종이며 미니어처와 토이는 그것을 소형화한 개이다.

성질은 매우 영리하며, 활발하고 아름다우며 사람을 잘 따른다. 여러가지 재주를 잘 익히는 것으로서 개 중에는 정평이 나있다. 서커스개로서

어린이들에게 인기 있는 푸들은 이러한 성질 때문이다. 또 소형이면서 몸
놀림이 재빠르며 용감하기도 하므로 집을 지키는 개의 역할도 한다.

▲ 미니어처 푸들

푸들(강아지)

몸털은 매우 많아 온몸에 밀생하며 표면에서 피부까지 같은 색으로 회색, 푸른색, 은색, 갈색, 흰색 등 갖가지이다. 털을 사자와 같은 모양으로 깎아 손질하는 등 독특한 아름다운 자태를 만들어 부인들이 산책할 때 액세서리로서 환영 받고 있다.

푸들은 귀가 길고 아래로 드리워져 있으며 특히 귀의 손질을 잘 하여 청결하게 해 주어야 한다.

꼬리는 꼬리자르기(斷尾)를 하는데 그 길이는 유행이 따르고 있어 몸 전체와의 균형을 생각하여 자른다

털색이 갖가지이므로 실내 색채에 맞추어 털색을 고를 수 있다는 점이 푸들의 인기의 하나다.

6. 페키니스(Pekingese)

원산은 중국으로 오랫 동안 북경의 궁전에서 애육되어 순수성을 유지해 온 만큼 성스러운 개라 불리워져 이것을 훔친 사람은 사형에 처할 정도로 소중히 여겼다고 한다.

이토록 문외불출의 페키니스가 처음 영국으로 건너 간 것은 1860년의

일이다. 그 후 경연 대회에 출전시키자, 그 훌륭한 아름다움과 오랜 역사
에 빛나는 기품으로 주목을 받았던 것이다.
　페키니스는 찡과 선조가 같으므로 아주 흡사한데, 코가 낮고 머리가 납

페키니스

작하며 몸통은 찡보다 작고, 온몸에 덥수룩한 긴 털이 덮여있다.

털색은 여러 가지의 것이 있어 빨강, 갈색, 흑색, 흑갈색, 검은 담비 털색, 황갈색, 얼룩무늬, 백색 등이 일반적이며 얼굴 부분은 검을수록 좋다고 한다. 다리와 꼬리에는 풍부한 장식털이 있다.

크기는 암수 다함께 6kg 이하로 그 이상의 것은 좋지 않다.

강한 개성과 위엄을 갖추고, 대담하며 용기가 있고 상당히 결벽한 성질을 지닌 개이다. 침착한 듯한 성품으로 사람을 잘 따르나, 아양을 떠는 일은 없고, 친절한 가족과 함께 놀기를 좋아한다. 독립심도 강하고, 궁정 깊숙이에서 자랐던 만큼 애완견으로서 나무랄데 없는 성질을 지닌 개이다.

실내에서 기르는 한편 보통 집을 지키는 개로서도 훌륭하다.

이 책 끝 표에서 보는 바와 같이 어느 나라에도 고루 기르고 있다.

7. 요크셔 테리어(Yorkshire Terrier)

요크셔 테리어

검은 색과 금빛깔의 긴 털이 온몸을 덮어, 수많은 개 중에서도 그 볼품 있는 아름다움은 뛰어나다. 몸털은 생후 2~3년이 지나면 몸높이 보다 3cm쯤이나 길어진다. 금빛에 빛나는 황갈색과 강철 빛의 배색은 이 개의 애호자가 "살아있는 예술품"이라 부를 정도로 아름답다.

이 요크셔 테리어는 약 100년 전쯤에 영국의 요크셔 지방에서 개량된 것으로, 스카이 테리어, 검은 황갈색 테리어, 말티스 등의 교배에 의해 만들어진 것이라 일컫고 있다. 원래 이 지방의 직물 공장에서 일하던 사람들(職人)이 외투 호주머니에 들어 갈 수 있을 정도의 쥐잡이 개를 만드는 것이 목적이었다고 전해지고 있다.

성질은 테리어(terrier)의 명칭에 어울리게 명랑하고 쾌활하여 누구나 좋아하는 개이다. 또 영리하고 주인에 충실한 애완견인 동시에 집을 지키는 개의 구실도 훌륭히 해낸다. 부인의 애완용 개로서 인기가 있고, 어린이들의 좋은 놀이 상대로도 길들여 지는 개이다.

크기는 체중이 3.1kg 이하이고, 몸높이는 20cm 정도이다. 몸털을 아름답게 유지하기 위해서는 사육관리에 많은 수고를 해야 하지만, 원래가 튼튼한 개이므로 약한 느낌이 없고 항상 기운이 발랄하다.

새끼는 처음 태어났을 때는 검은 개이지만 이것이 3~4개월이 지나면 머리 부위에서부터 빛깔이 변하기 시작하여 짙은 황갈색으로 변화하며, 눈 위나 다리에도 황갈색이 나타나기 시작한다. 이 몸털의 변화를 지켜보는 것도 요크셔 테리어를 기르는 즐거움의 하나인 것이다.

요크셔 테리어

8. 치와와(Chihuahua) ∝∝∝∝∝∝∝∝∝∝∝∝∝∝∝∝∝∝∝∝∝∝∝∝∝

치 와 와

롱코트 치와와

수많은 개 중에서 제일 작은 개로 유명하다. 한때는 체중이 겨우 0.5kg 밖에 나가지 않는 초소형의 포켓견이 나타난 일이 있었지만, 너무 작으면 허약하기 때문에 1~2kg 정도 크기의 것이 이상적으로 되어 있다. 보통 신발 속에 들어갈 정도의 크기이다.

멕시코가 원산으로 그 출현에 대해서는 갖가지 설이 있으나 결정적인 것은 밝혀져 있지 않다. 북미 대륙에 토착하고 있는 토르테크족이 사육하였던 것을 미국에서 개량하여 발달시키고 있다.

우아한 아름다움을 지니고, 기민하며 틀에 박힌 표정을 하고 있다. 몸체는 전체적으로 자그마하고 아담하며, 영리하며 경계심이 있고 대체적으로 테리어에 흡사한 성격을 갖는 개이다.

단모종과 장모종이 있는데 단모종은 부드러운 털이 밀생하여 윤기가 있으며 머리 부위와 귀에는 털이 적고, 목에는 거친 털이 있다. 장모종은 부드러운 모질(毛質)로 말려있는 것과 약간 말리는 것이 있으며, 귀에는 푸른 털, 다리에는 장식털이 있고 특히 풍부한 목털이 좋으며 꼬리에도 풍부한 장식털이 있다.

털색에는 흰색, 갈색, 검정색이 있으며 선호도는 나라에 따라서 그 기호가 다른 것 같다. 크기, 균형미, 체구, 영특함, 기민성에 관한 점에서는 다른 개에게서 전혀 볼 수 없는 완벽한 소형화가 달성 되어 있다. 단모종의 것이 많으며 최근에는 장모종도 상당히 증가하고 있다.

멕시코 태생으로서 추위를 많이 타므로 겨울 동안은 따뜻하게 해줄 필요가 있다.

9. 미니어처 핀세르(Miniature Pinscher)

미니어처 펜세르

　원산지는 독일 도베르만 핀세르를 획기적으로 소형화한 것으로 외모나 성격도 도베르만과 같으며 양자의 차이는 몸높이와 체중의 차이 뿐이다. 미니어처 핀세르 크기는 몸높이 28~29cm로, 25cm 이하나 30cm 이상의 것은 너무 크거나 작거나 하여 좋아하지 않는다.

　기질은 도베르만의 그것을 그대로 이어받아 대형의 개에 지지않는 스태미너가 있고 집을 지키는 개로서도 훌륭하다. 영리하며 활기에 넘쳐 긍지 있는 태도를 유지, 강건하며 기민한 동작을 보인다. 체구는 야무지며 몸통은 근육이 발달되어 있다.

　허리는 짧고 등은 평편하다. 꼬리는 높게 달려 똑바로 세워 2~5cm로 꼬리자르기를 한다.

　몸털은 매끈하고 탄력이 있으며 짧고, 윤기가 있다. 실내견으로서 털에

미니어처 핀세르

의해 방안을 더럽힐 염려가 없다. 태어날 때부터 잘 손질을 한 듯한 몸털을 갖고 있다. 빛깔은 다갈색 흑색과 황갈색 또는 붉으스레한 다갈색이나 노랑의 얼룩이 있는 것 등이다.

　미니어처 핀세르의 경우, 안면과 몸체가 균형이 잘 잡힌 것이 중요하며,

얼굴이 너무 크거나 작은 것은 좋지 않다. 또한 약하디 약한 느낌의 것이
나 귀의 위치가 나쁜 것, 근육이 죄어져 있지 않은 것도, 그리 좋지 않다.

10. 시바견(柴犬)

시바견(紫犬)

　일본견에는 대형, 중형, 소형의 세 가지 종류가 있다. 대형 일본견에는
아끼다견(秋田犬)이 있고 중형은 북해도견, 마다기견, 기슈(紀州)견 등이
있으며 소형으로는 시바견이 유명하다.
　시바견은 일본 토종의 소형견으로 원시시대에 남방에서 건너온 것으로
추측되고 있다. 그것은 중형견도 마찬가지로 북방계(系)의 아끼다견과는
계통적으로 다르다. 명칭의 유래는 털색이 시든 섶나무와 같다든가, 시바
는 작다란 의미를 나타낸다든가, 또는 섶나무 빠져나가기를 잘 하든가 하
는 여러 가지 유래가 있으나 분명한 것은 밝혀져 있지 않다. 크기는 수컷
은 몸높이가 51.5cm, 암컷은 45.5cm, 각기 상하 3cm 까지가 표준이다.
　동양권 개답게 수수하며 소박한 맛이 있고 가련한 듯한 아름다움으로

인해 계속적인 인기를 얻고 있다. 작으나 용감하고 민첩하므로 토끼나 산
새 사냥 등에 쓰여진다. 주인에게 순종하며 다른 사람은 잘 따르지 않는
동양권 개의 특성을 지니고 있다. 가정견으로서는 주인에게 충실·온순하
며 경계심도 풍부하므로 이상적인 집 지키는 개이다.

　털색은 갈색, 흑갈색, 흑색, 호랑이색, 백색 등이 있다. 체질은 완강하며
먹이를 별로 가리지 않아 기르기 쉬운 것이 시바견의 장점으로 되어 있다.
생활양식이 서양화 되면 될수록 오히려 이러한 소박한 개가 현대인의 향
수를 달래주어 이후 더욱 인기가 높아질 것이다.

시바견 (紫犬)

기슈견(紀州犬)의 강아지

말티스

제 5 장　개 기르는 법과 관리

찡

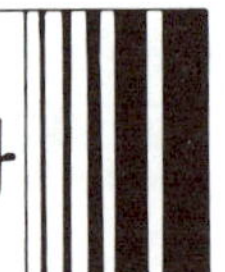

(1) 성견이 좋은가, 강아지가 좋은가

■ 어린 것을

개를 기르려면 성견을 기르는 것이 손이 많이 가지 않아 좋다고 생각하는 사람이 있을지 모른다.

확실히, 생후 2개월 미만된 강아지의 시중은 여러 가지 수고가 뒤따라야 하므로 귀찮은 것이다. 특별한 죽을 만들어 먹여야 하거나 대소변의 처리까지 돌보아 줘야 하므로 손이 많이 간다. 그러나 그와 같이 어미 대신이 되어 키운 개는 언제까지나 길러준 주인을 따르며 일생 동안 그 사람을 잊지 않을 것이다.

그것이 다른 사람 집에서 성장한 개라면 그 집에서 익힌 습관이 남아 있고, 또 원주인에 대한 마음도 남아 있어 새로운 주인과 정들기 어렵다.

그 중에서 두세번 주인이 바뀐 개는 누구에게나 꼬리를 흔들기 때문에 기르고 있어도 아쉬운 생각이 든다. 그래서 주인을 세번 바꾼 개는 기를

무심히 노는 같은 배의 강아지들

실내견이면 광주리로도 충분

가치가 없다고도 말한다.

　개를 기르려면 되도록 어릴 때부터 기르는 것이 좋을 것이다. 어리다고는 하나 태어나 1개월 정도의 강아지는 키우기가 상당히 어려우므로 보통 2개월 부터가 적당하다.

　2개월이 지나면 성견과 같이 부드러운 것을 먹기 시작하므로 먹이의 걱정도 없다. 처음 개를 기르려면 생후 3개월 정도의 것이 적당하다.

(2) 기르기 시작할 때의 주의사항

개는 산책을 아주 좋아한다

■ 과잉 보호는 절대 금물, 애정을 가지고 보살필 것

　강아지의 경우나 성견의 경우에서도 마찬가지로 개를 구입한 당시에는 신기한 나머지 무턱대고 시중을 들고 싶어하는 사람을 볼 수 있는데 이것은 별로 좋은 것이 못 된다.

　개의 입장으로서는 잠자는 장소, 먹는 먹이, 시중을 하는 사람까지 모두가 갑자기 달라지는 것이므로 놀라움이나 불안감에서 다소 기운을 못차리는 것도 당연한 것이다. 필요한 것은 되도록 지나친 불안감을 주지 않도록 배려하여 어디까지나 따뜻한 마음으로 대해 주는 것이 좋다. 그리고 가능하면 먼저 길렀던 주인으로부터 어떤 상태에서 길러졌으며, 어떤 장난을 좋아하며, 어떤 버릇이 있었는가 등 사육상태를 잘 듣고 되도록 먼저의 생활 환경과 그다지 다르지 않도록 충분한 배려를 해주어야 한다.

　강아지를 처음 구입해 집에 데려왔을 때 하루 또는 이틀 밤을 계속 울어 대는 수가 있다. 그럴 때는 계속 곁에 있어 주면 조용히 잠든다.

　또 데려오기 3일 전쯤에 담요 조각따위를 원래의 잠자리에서 가져와 새로운 잠리에 넣어 주면 어미와 형제, 자기의 냄새가 배어 있어 강아지는 안심하고 잠을 잔다.

강아지 때의 식습관은 일생을 두고도 변하지 않는다

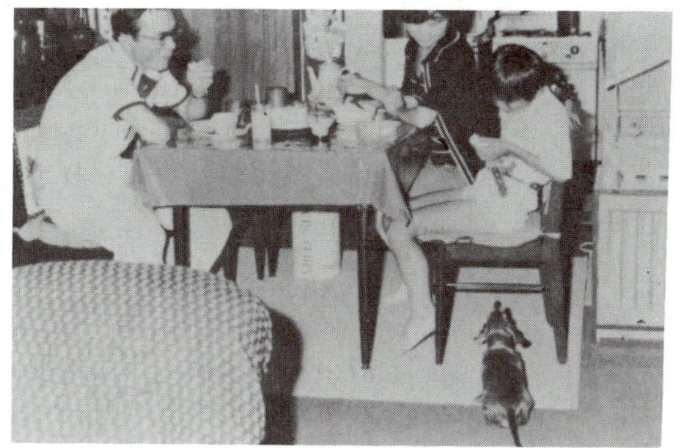

잘 길들인 개는 귀엽다

겨울이라면 어느 정도 따뜻하게 해주면 조용히 잠드는 수가 많다.

그리고 이 시기의 강아지는 회충이 기생하고 있는 수가 많으므로 만약 구충(驅虫)이 안 된 상태라면 구충을 해주어야 한다. 회충이 많이 기생하면 발육이 늦어질뿐아니라 죽는 수도 있다.

성견의 경우는 먼저의 주인을 그리워하여 새 주인과는 좀처럼 친숙해지지 않는 경우가 있다. 이러한 경우는 너무 무리하게 길들이려 하지 말고 개의 자연스런 마음의 작용에 따를 정도의 여유가 있어야 한다. 따르느냐 따르지 않느냐는 개에 대한 주인의 애정 하나이므로 따뜻한 마음으로 끈기있는 시중을 해주면 반드시 따르게 할 수 있게 되는 것이다.

처음 한동안 정들지 않는 것은 인간의 경우 낯선 관계와 같은 것이므로

칭찬과 꾸짖음은 길들이기의 기본

시간이 조금 지나면 자연스럽게 해결된다. 일반적으로 수컷보다 암컷이
잘 따른다.

　개는 먹이를 주는 사람에게만 따르는 것이 아니라 함께 놀아주는 사람,
상대가 되어 주는 사람, 상냥한 말을 걸어주는 사람에게 빨리 따른다. 개
는 산책을 아주 좋아하므로 개를 길들이려면 산책에 데리고 나가는 것도
좋은 방법이다.

(3) 개 집

■ 동남향 조용한 곳에

　개집은 개의 수면 장소이며 휴식하는 곳이므로 건조한 동남향의 조용한
곳에 설치해 준다. 여름에는 서늘한 바람이 잘 통하고 겨울은 따뜻한 햇
볕을 받는 곳, 사계절을 통해 제일 좋은 환경에 놓도록 한다.

　애완견이라면 개집은 큰 것이 필요 없다. 거실 한 구석에 놓아 두는 것
이므로 청결함이 유지되고 자유롭게 옮겨 햇볕을 쪼이거나 청소할 수 있

● — 개집의 여러 가지

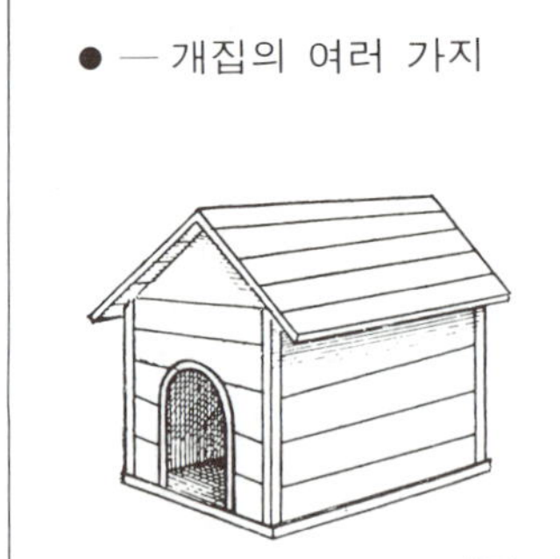

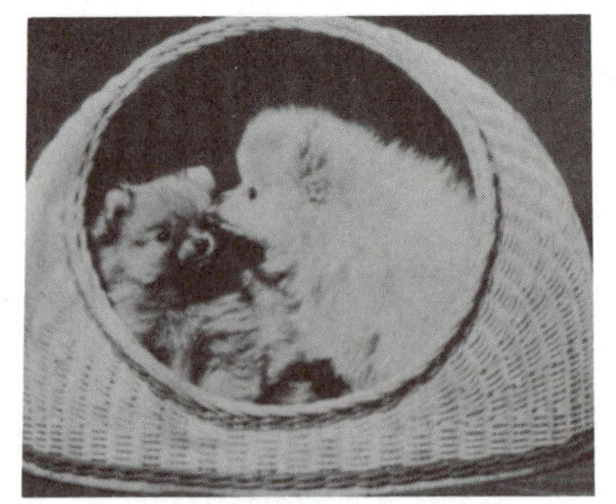
이동 개집

는 것이라면 아무것이든 상관 없다. 벼룩이나 진드기가 들끓지 않게 물에 씻은 후 열탕으로 소독하여 잘 말린다. 이것을 1주일 또는 10일에 한번 정도 해주면 개집은 언제나 청결하며 기분이 좋게 된다. 약품으로 소독하면 냄새가 남아 개에게도 좋지 않으므로 소독에는 열탕 소독이 가장 좋다.
  개집 안에는 신문지나 헝겊을 깔고 더러워지면 바꾸어 주도록 한다. 이렇게 하면 맨션의 입실에서 길러도 개 냄새로 불쾌감을 느끼지 않을 것이다.

실내 개집

대형견은 넓은 스페이스가 필요하다

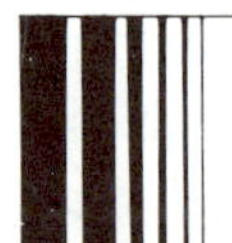 

(4) 먹 이

■ 개의 특성에 따라 그에 적합한 식이요법을 한다

강아지의 먹이는 하루 여러번 주어야 하지만 성견이 된 후에는 1회 또는 2회로 충분하다.

6개월 정도까지의 새끼는 발육이 왕성하여 놀랄 정도로 잘 먹는데 일정 양을 먹으면 먹지 않는다. 이것이 1회에 주는 양의 가늠으로, 하루에 3~4회, 그때마다 먹을 만큼 주면 되는 것이다. 발육이 왕성한 시기에는 특히 칼슘분을 많이 주는 것을 잊어서는 안 된다. 작은 물고기를 뼈째 주면 좋다.

먹이의 간은 아주 싱겁게
조금 양이 덜 차게 강아지 때의 습관

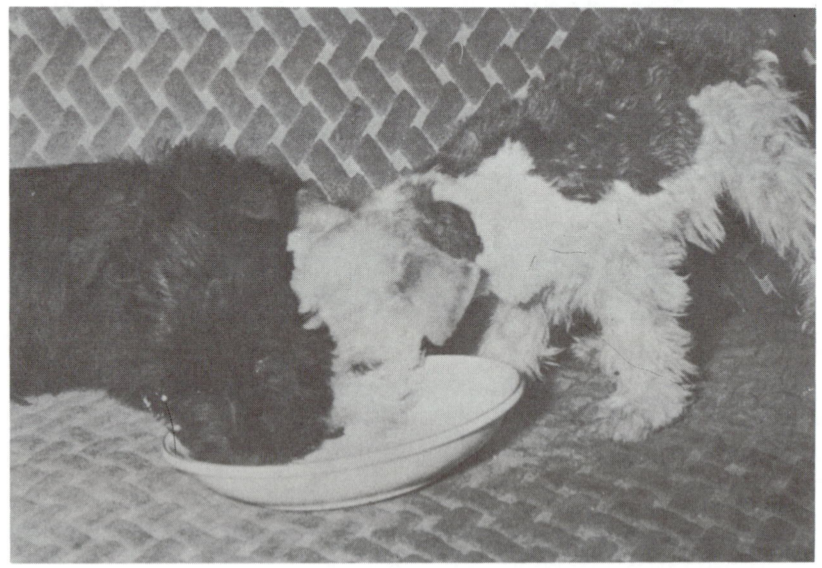

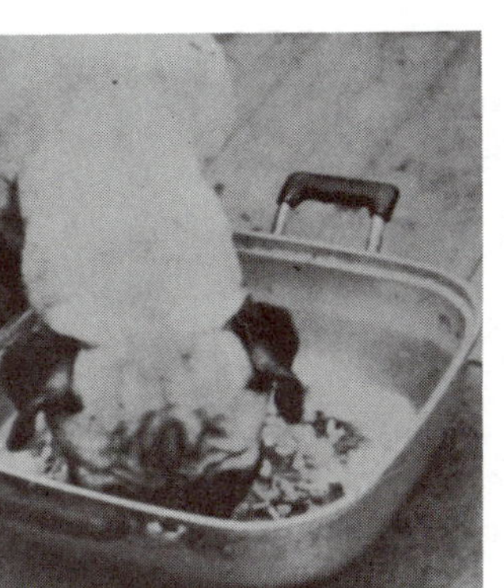

개는 주어진 것
밖에 먹지 않는다

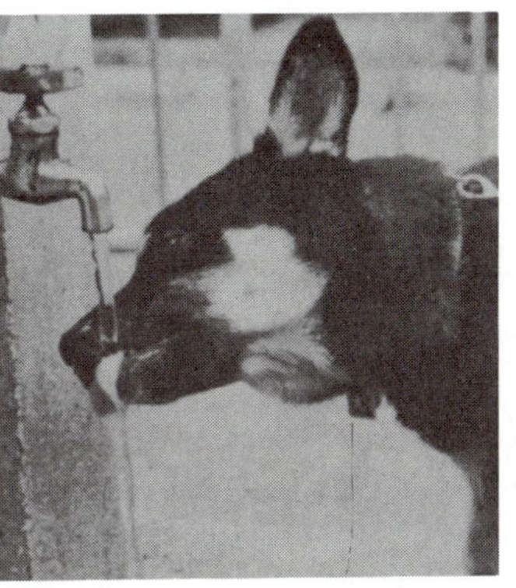

수도물을 먹는 개

깨끗한 물을 주도록

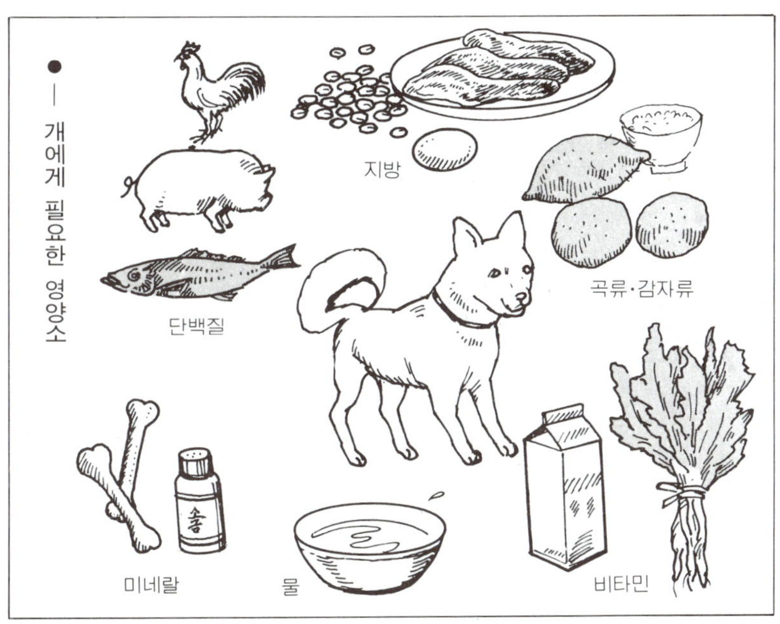

성장함에 따라 먹이를 주는 회수를 줄여 생후 1년 이상의 성견이 되면
1회나 2회로 한다. 아침 저녁 2회를 주는 것도 좋으며 하루의 양을 1회만
으로 하고 사이에 간식 정도로 하는 것도 좋은 방법이다. 특히 소형견의
경우는 하루 1회의 먹이로 충분하다.

칼슘 보급의 연구

개는 원래 육식 동물이었는데 인간이 기르게 됨에 따라 잡식성으로 변한 것이다. 그러므로 개의 먹이는 고기 7, 야채 3의 비율이 가장 이상적이라 한다. 고기, 생선 등의 양을 많게 하여 밥이나 빵을 섞어 주는데 때로는 푸른 야채도 함께 주면 비타민C의 보급도 되므로 아주 좋다.

최근에는 개를 위한 인스턴드 식품(dog food)이 판매되고 있으므로 여기에 소고기나 닭고기 삶은 국물을 가미하여 주면 즐겨 먹는다. 개는 땀샘(汗腺)이 퇴화되어 있으므로 음식의 간은 극히 싱겁게 하여 준다.

이상은 일반적인 식사인데 개 종류에 따라서는 살찌는 것이 좋은 것,

날씬하게 실찬 것이 좋은 것, 진도개와 같이 비교적 살이 적은 편이 좋은 것, 긴 몸털을 유지하는 것이 특성이 있으므로 그에 상응한 식이요법을 고려해야 한다.

먹다 남은 찌거기는 그대로 두지 말고 반드시 치워버리도록 한다. 또 먹이 외에 잊어서 안 되는 것이 깨끗한 물을 언제든 마실 수 있는 곳에 충분히 마련해 주는 것이다.

⑤ 운 동

■ 적절한 운동이 필요하다

모든 동물에게는 운동이 필요하다. 개의 경우도 마찬가지이다. 물론 크기에 따라서 식사량도 다르므로 운동량도 달라진다.

대형견은 하루 2시간 이상의 강한 운동이 없으면 몸을 건강하게 유지하

하루에 한번은 산책이 필요하다

많은 개를 산책시키는 것은 익숙해져야 한다

지 못한다. 중형견이나 소형견에게도 적절한 운동은 절대로 필요하다. 개는 집 밖의 산책을 아주 좋아하므로 반드시 하루 한번은 산책에 데리고 나가도록 한다. 운동이 부족하면 소화불량, 변비 또는 피부병 등의 원인이 되어 체형의 조절이 결핍되어 등선이나 다리에 이상을 일으켜 보기 흉한 자세가 되는 것이다.

운동은 품종에 따라 적당량이 있다. 소형인 애완견은 실내에 있으므로 때때로 밖에 나가 놀 수 있는 뜰이 있으면 건강은 충분히 유지된다.

그리고 아침이나 저녁에 하루 10분 정도는 밖에서 산책을 시키면 좋다.

아파트의 입실 등에서 밖의 세계를 전혀 보지 못하고 지내고 있는 개는

운동을 좋아하는 개라면 자전거에 의한 끌기 운동을 시키면 좋다

다른 사람에게 폐를 끼치지 않는 곳이라면 끈을 풀어 공놀이 등을 시키면 좋아한다

어느덧 기운이 없어져 침착성을 잃고 마구 짖어대는데 이것은 운동 부족
과 함께 집밖의 넓은 세계와 접촉하지 못해 생기는 일종의 노이로제인 것
이다.

중형·대형견은 산책 정도로는 운동량이 부족하므로 넓은 장소가 있다
면 풀어 두거나 자전거를 타고 데리고 다니는 것도 좋다. 자전거가 없거
나 타지 못하는 사람은 가볍게 뛰면서 같이 뛰게 한다.

다만 운동에서 주의할 것은 개의 모습을 충분히 관찰하면서 너무 과로
가 되지 않도록 주의해야 한다.

운동을 할 때 개는 힘차게 달리지만 소형인 개는 과로가 원인으로 죽는
수도 있고, 그 정도는 아니더라도 쇠약해지거나 심장을 해치기도 한다.

(6) 손질과 목욕

■ 빗질은 하루에 한번, 목욕물은 미지근하게 한다

개의 털은 여름에는 더위, 겨울에는 추위를 막는 중요한 의복이다. 그러

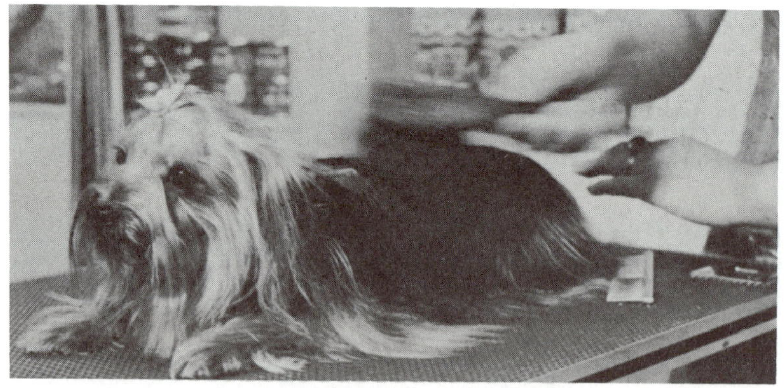

장모종은 매일 브럿싱을 해 준다

므로 개를 기르는 사람은 몸털의 손질이 중요한 일의 하나이다. 어떠한 품종이든 되도록 하루 한번은 손질을 하고 빗으로 털을 빗어 길을 들인다. 특히 장모종은 털이 나쁘면 엉켜서 펠트상(felt 狀)이 되어 버린다.

이 빗질은 강아지의 경우, 제털로 털이 바꾸어 날 때 빠지는 배내털을 제거하고 성견이 된 뒤의 털갈이 때에 나오는 노폐모(老廢毛)를 재거하는 데 도움이 된다.

목욕은 한여름에는 10일에 한번 정도 겨울에는 월 1회 정도 시켜주어 항상 청결하게 해 주어야 한다. 부득이한 사정으로 목욕을 시키지 못했을

브러시

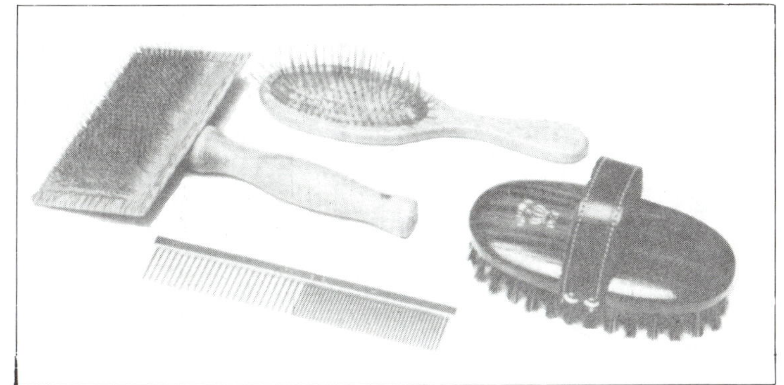

털빗기, 빗

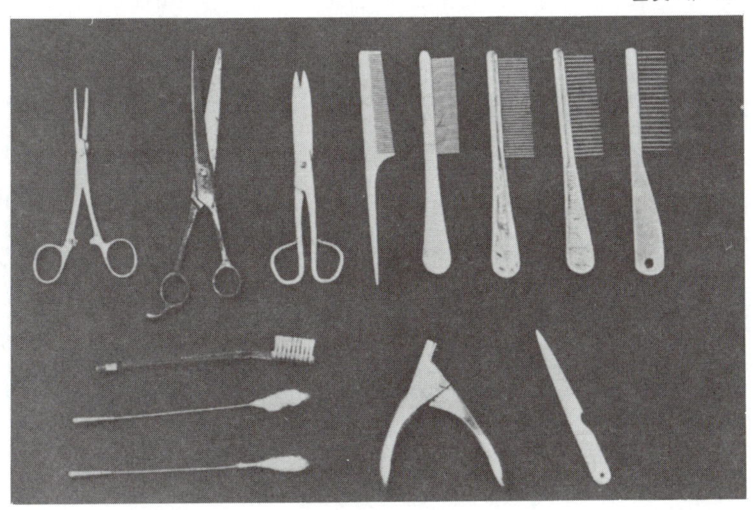

때는 젖은 타월로 전신을 닦아 주기만 해도 상당한 효과가 있다. 목욕에 알맞는 온도는 사람의 경우보다 미지근하게 한다.

샤워가 있을 때는 목욕물에 담아서 씻기지 말고 샤워로 흘려보내면서 씻긴다. 샤워 소리에 놀라는 것도 있으므로 먼저 소리를 들려준 뒤에 꼬리 쪽부터 서서히 끼얹어 주도록 한다.

강아지 때부터 길을 들여 두면 다 자란 뒤에도 씻기기가 쉽다. 귓 속에 물이 들어가지 않도록 주의한다. 그리고 목욕을 시키기 전에 반드시 배설을 시키는 것이 좋다.

목욕 후에는 가급적 빨리 털을 건조시킨다. 드라이어로 털에서 멀리 떨

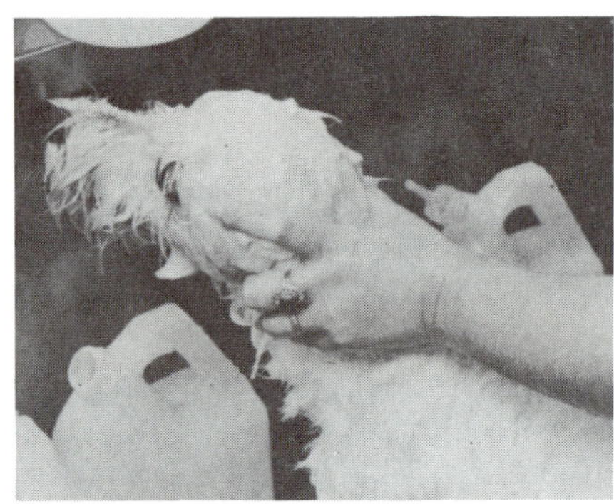

귀에 물이 들어가지 않도록 솜을
채우거나 가볍게 누른다

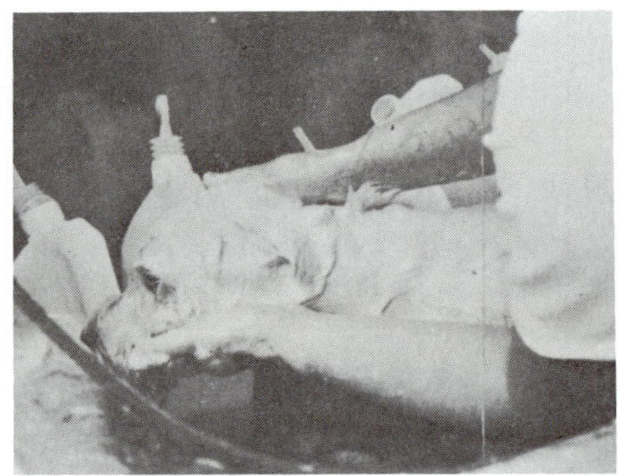

손가락으로 정성껏 샴푸
해 준다

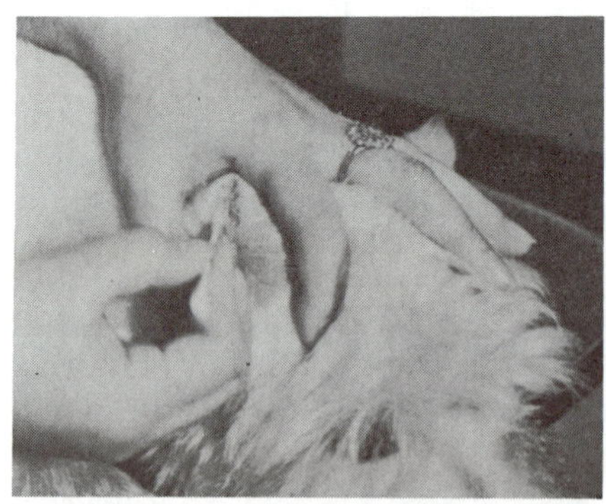

머리를 꼭 눌르고 면봉으로
귀를 닦아 준다

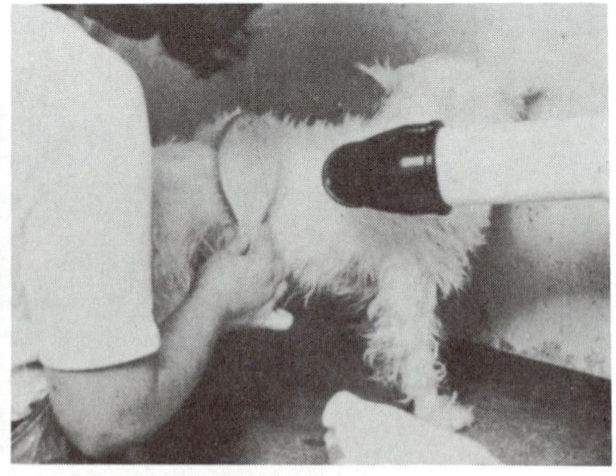

핀·블러시로 털을 빗기면서
드라이어로 말린다

어져 말린다. 또 말릴 때는 발가락 사이가 잘 마르도록 하며, 특히 면봉
(綿棒)을 써서 귀 속에 남은 수분을 닦아내도록 한다.

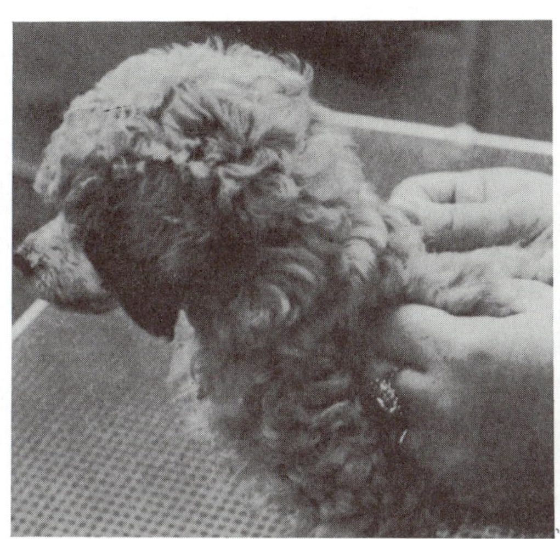

뭉친 털은 정성껏 풀어준다

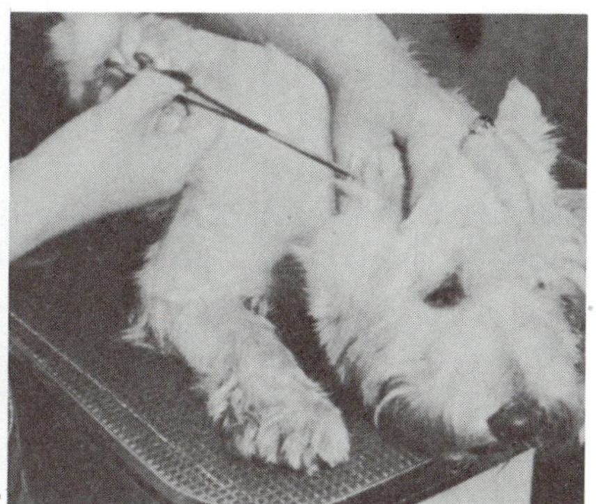

장모종은 귓 속 털을
깍아 주면 좋다

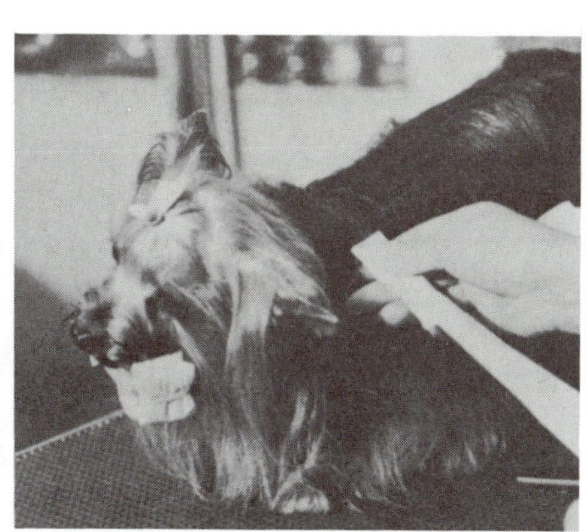

장모종은 랩핑을 한다

손질이 끝나 아름다워 졌다

(7) 견구 (犬具)

■ 실용적이고 필요한 용구만 구입할 것

개에 사용하는 용구를 견구라고 한다. 견구는 가장 필요한 것만을 장만하도록 한다.

• 목걸이

목걸이는 개에 늘 걸어 두는 것이 아니라 필요할 때에 거는 것이다. 그러나 개를 매어 둘 경우에는 목걸이를 달아야 한다. 목걸이는 가죽 제품의 폭이 있는 튼튼한 것으로 쇠붙이가 튼튼한 것을 고른다.

• 개줄

밖으로 산책을 내갈 때에도 한 개 정도는 필요하다. 가죽, 나일론, 비닐, 포제 등이 있다. 매일 사용하므로 튼튼한 것을 첫째로 한다. 소형견이라면 130㎝ 길이 정도의 가느다란 면사 제품이 좋을 것이다. 또한 액세서리도 되므로 빛깔이 아름다운 것을 준비한다.

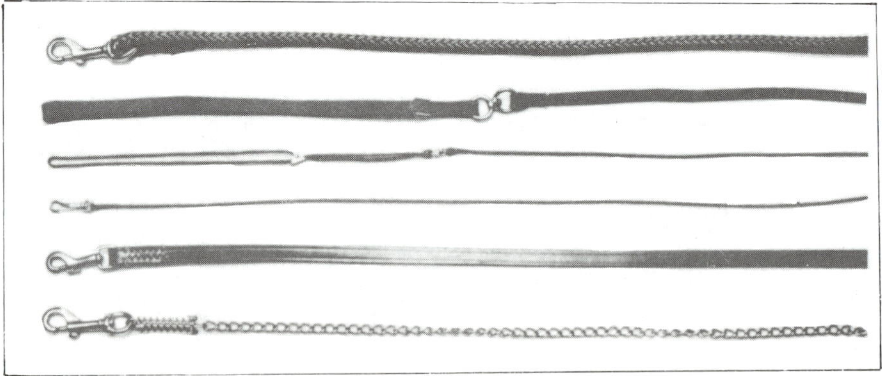

끄는 줄

* 브러시

개를 청결하게 하며 건강하게 기르기 위해 매일 필요하다. 고래 수염,
돼지털 등으로 된 것이 좋으며 나일론 제품도 있으나 품종에 따라서는 적
당하지 못하다.

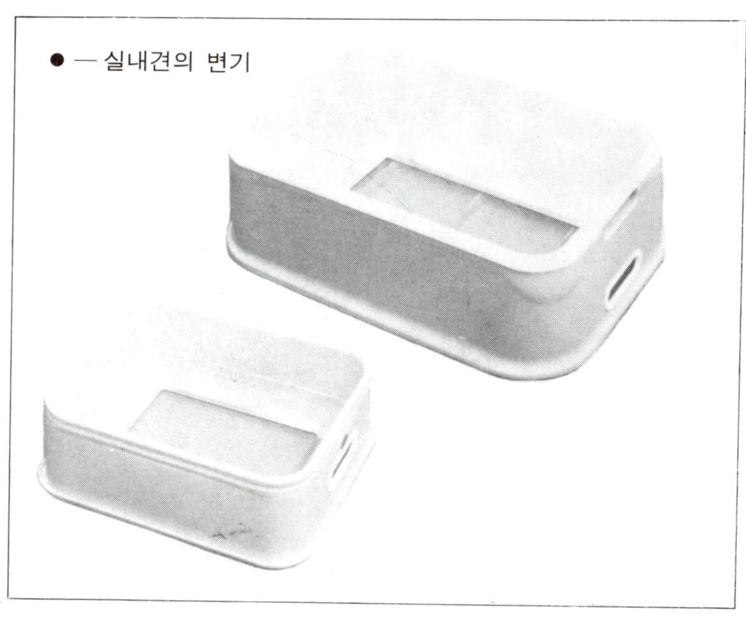

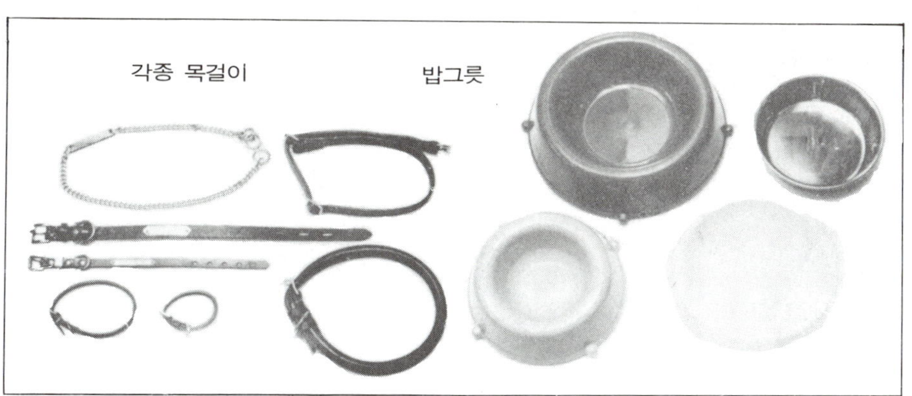

● ─ 대소변의 공부

큼직한 깔개에 신문지를 깔
고 위에 헝겊 조각을 놓는
다.

비닐을 깔고 위에 신문지 여
러 장을 깔아도 좋다.

소변이면 화장실
에서 시키고 충분
히 씻어 흘린다.

화장실 안에 깔개를 놓을 때
는 문 아래 부분에 개 전용
의 문을 만들어 자유롭게 드
나들 수 있게 한다.

• 털빗기

털갈이 때 빠지는 쓸데 없는 털을 제거하는데 하나 있으면 편리하다.

• 빗

금속제의 것이 주로 사용된다. 굵은 빗과 가는 빗이 있으면 좋고 단모종과 장모종에 따라 사용이 구분된다.

• 그릇

개 그릇이 따로 있을 수 없지만 먹기에 편리한 것이라면 아무 것이든 상관 없다. 개가 깨물거나 하지 않는 재질의 것으로 엎어지지 않는 안정된 것, 그리고 씻기가 간단하며 언제나 깨끗하게 유지할 수 있는 것을 고른다.

 (8) 계절별 관리 

■ 여름과 겨울에는 특별한 배려가 필요

사계절이라 하지만 봄, 가을의 기후가 좋은 시기에는 아무런 문제가 없다. 특별한 주의가 필요한 것은 한여름과 한겨울이다.

개는 체격의 구조상 여름을 제일 싫어한다. 털이 긴 장모종의 경우에는 특히 적절한 조치를 하여 돌봐 주어야 한다.

소형 애완견은 한여름을 편히 지내게 하기 위해서는 에어콘이 설치되어 있는 방에 들여 놓는다든가 선풍기를 틀어 준다든가 차가운 것을 품어준다든가 하는 여러 가지 피서법을 생각할 수 있다.

그러나 모처럼의 배려에도 불구하고 사소한 부주의나 이해의 부족으로 개에게는 달갑지 않은 지장을 주거나 경우에 따라서는 병의 원인이 되는 수가 있으므로 충분한 주의를 요한다.

그리고 어느 정도의 적절한 배려는 필요하나 되도록이면 자연에 거슬리지 않는 무더운 여름을 제 힘으로 극복할 수 있도록 충분한 체력을 단련

시키는 것이 중요하다. 너무 지나친 애정, 과다한 보호가 오히려 대상을
망가뜨리는 것은 무릇 아이들의 경우만은 아니다.

● 에어콘
주인이 외출 중에 애견이 더울 것이라는 배려에서 에어콘이 있는 방에

가끔 목욕을

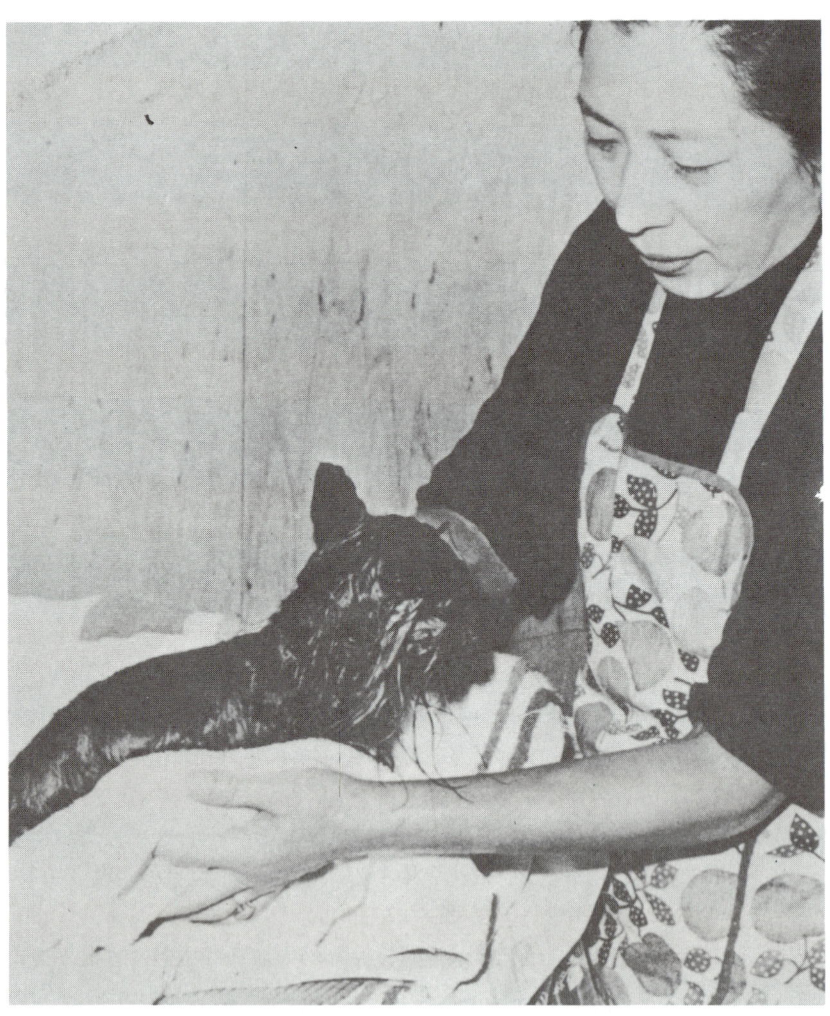

가둬둔 채 외출하여 저녁에 돌아와보니 에어콘의 성능 과다로 허탈 상태가 되어 있는 예가 있다.

또 에어콘이 가동되고 있는 방에 출입이 빈번하여 급격한 온도의 변화를 되풀이 하면 몸의 컨디션에 변화가 일어난다. 인간의 냉방병과 마찬가지로 기관지염이나 감기 증상의 원인이 된다.

• 선풍기

더운 한나절에 선풍기를 틀어 주면 확실이 애견은 기분이 좋은 듯하다. 장시간에 걸칠 때는 선풍기를 회전시켜 일정한 곳에 연속 강한 바람이 닿지 않도록 해준다 코드를 깨물거나 하지 않도록하는 안전 대책도 잊지 말도록 한다.

• 얼음주머니, 물베개

한여름에 태어난 강아지는 찬 것을 품어 주면 조용히 낮잠을 자는데 얼음주머니나 물베개를 품어 준다. 타월 따위로 충분히 싸서 몸에 직접 닿지 않도록 한다.

추운 겨울에도 브러시 등으로 몸털의 손질을 해주면 방한 구실을 한다.

소형 애완견에 난방 기구를 사용하는 것은 상식이다. 실내라하여 방심하면 안 된다. 한낮 따뜻한 동안은 괜찮으나 특히 단모종 등은 보온에 주의해야 한다. 두꺼운 담요 등을 덮어 주도록 한다. 실온(室溫)은 항상 20℃ 정도로 유지하면 이상적이다.

개집에도 찬바람이 들어가지 않도록 입구를 좁게 해주어 추위가 직접 닿지 않도록 배려한다.

차에 태울 때는 문을 열 것

여름에는 서늘한 곳에서 쉴 수 있게 한다

실내견은 일광욕을 시켜야 한다

대형견은 매일 적당한 운동을

제 6 장　개의 건강과 질병

요크셔　테리어

개는 튼튼한 동물로 전염병을 예방하고 기생충을 구제해 주면 건강하게
자라는 것으로 질병은 그다지 겁내지 않아도 된다.
　그러나 사람과 같이 말을 못하는 개는 어디가 나쁜 지를 주인에게 호소
할 수가 없다. 마치 인간의 젖먹이와 같다. 그러므로 자칫 방심하는 동안

건강한 개

병난 개

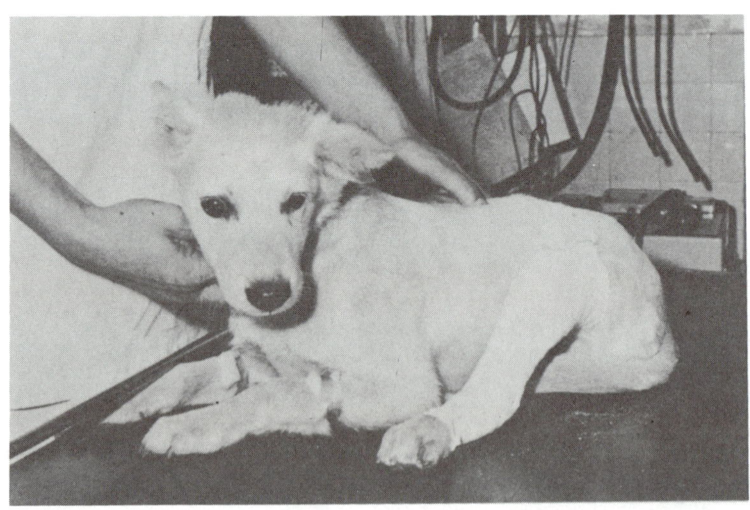

에 병의 증세가 의외로 진행되어 돌이킬 수 없게 되는 수가 있다.

질병은 인간의 경우도 마찬가지이지만 빨리 발견하여 치료를 하는 것이 무엇보다 시급하다. 가벼운 증세일 때의 개의 질병은 극히 치유하기 쉬운 것이다.

개의 질병에는 여러 가지가 있으나 개는 사람에 비해 신진대사가 왕성하며 체온도 1℃ 정도 높으므로, 제법 기운찬 것 같이 보이지만 잠시 방심하면 갑자기 약해져 죽는 수도 있다. 특히 강아지의 경우는 죽기 쉬우므로 주의가 필요하다. 혼히 개가 병이 나면 한참 동안 내버려 두었다가 완전히 약해져서야 수의사에게 보이는 사람이 있으나 그런 경우는 거의가 때를 놓치게 되는 것이다.

# (1) 병견의 조기 발견법

■ 늘 시중을 드는 주인이 관찰할 것

그러면 어떻게 해야 개의 질병 증세를 발견할 수 있는가.

거기에는 무엇 보다도 아무나 돌보는 사육법을 삼가해야 한다. 늘 애정

눈꼽이 늘 끼면 기생충을 의심해야 한다

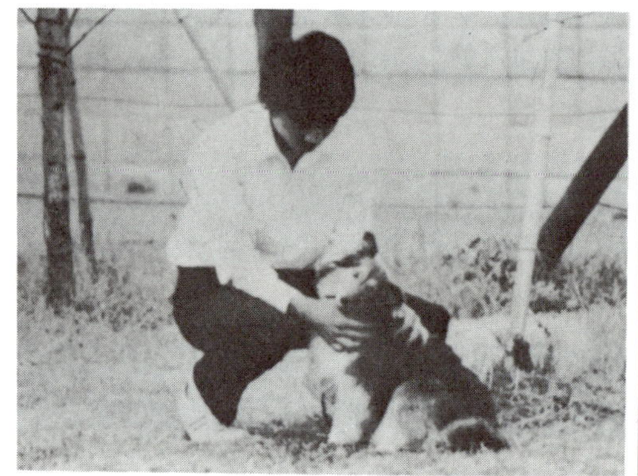

기운이 있느냐 없느냐는 건강진단의 가늠

귀가 뜨거울 때는 열이
있는 증거

이상을 알리는 개의 동작

을 갖고 개를 대하며 식사의 시중에서부터 운동까지 평소에 뒷바라지를
잘 해주게 되면, 상태가 조금 나빠져도 「이상하다」는 느낌이 잡힌다.
  언제나 기르는 주인이 돌아오면 반가와서 꼬리치며 달라 붙는데 가만히
누워 있든가 또는 뛰어 붙는 방법이 좀 약하다든가 할 때에는 어딘가 이
상이 있다고 보아야 한다. 또는 식욕이 거의 없거나 먹이를 많이 남길 때
도 마찬가지이다.

병의 증세를 들면 다음과 같다.

① 왠지 모르게 기운이 없다. 꼬리를 흔들어도 어딘지 모르게 나른해 보인다.

② 식욕이 없다. 변덕스러워진다. 흙이나 나무 조각, 벽 등을 마구 갉아 먹으려 한다.

③ 콧등이 마른다 (잠자고 있을 때는 별 문제). 반대로 코가 너무 젖어 있거나 푸른 콧물을 흘린다.

④ 눈자위에 물기가 있고 눈곱이 낀다. 눈이 충혈된다.

⑤ 귀에 민감성이 없어진다. 털의 윤기가 없어져 퍼석퍼석하다. 털이 잘 빠진다.

⑥ 야위어져서 새우등이 된다.

⑦ 다갈색의 오줌이 나온다. 나쁜 변이 나온다.

질병의 징조는 대충 이상과 같은 것이지만 이것만으로는 악성 질병에 걸렸는지, 극히 가벼운 것인지를 판단할 수 없다. 이상하다 생각되면 바로 수의사의 진단을 받아야 하지만 초보자로서 그에 앞서 할 수 있는 것은 개의 체온을 재보는 것이다.

체온을 재는 데는 체온계 끝에 글리세린이나 와세린을 바르고 개의 항문에 꽂는다. 개의 체온은 38~38.5℃ 이므로 40℃나 되면 수의사에게 보이게 하는 것이 안심이 된다. 몇 번 재어 보아도 38℃ 정도라면 그대로 한동안 상태를 관찰하면 좋을 것이다.

그리고 수의사의 진단을 받을 경우 가능하면 왕진을 받도록 한다.

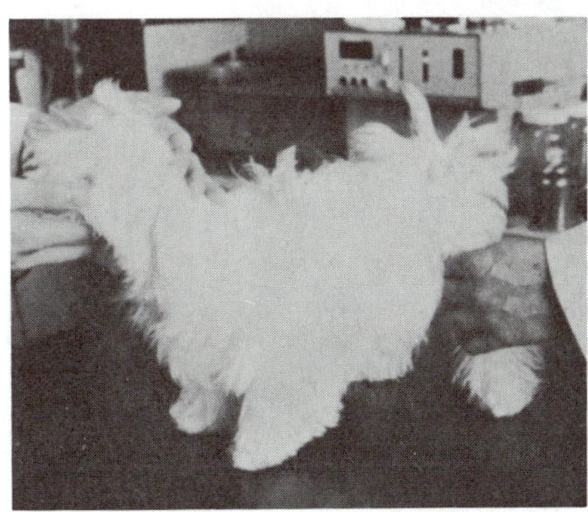

맥박은 뒷다리 안쪽에서 측정

가려워할 때는 피부병을 의심

병이 났을 때 낯선 장소에 데리고 가면 그것만으로도 개에게 불안감을 주어 나쁜 영향을 미치기 때문이다.

정제(알약) 먹이는 법

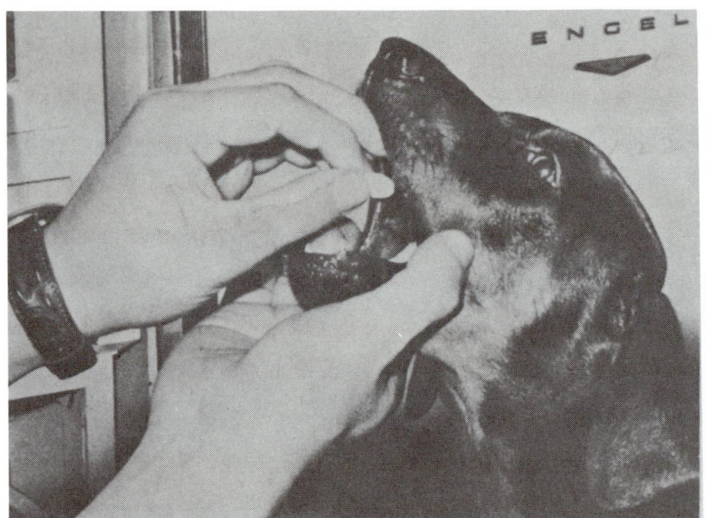

▲ 입을 벌려 손가락으로 쥐고 넣는다

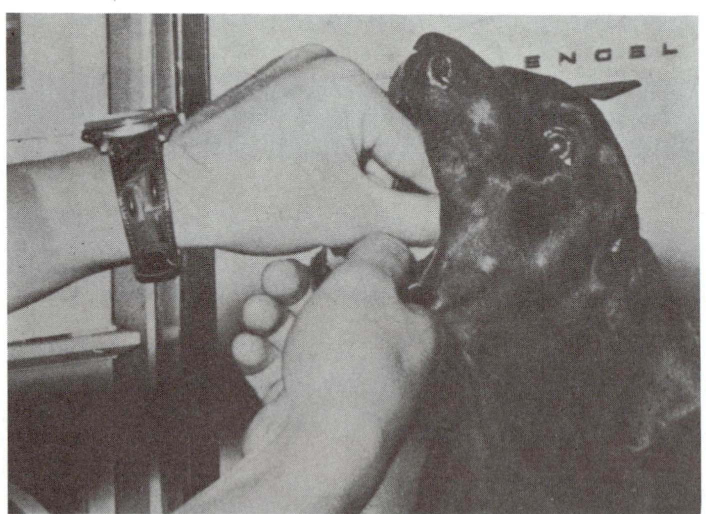

▲ 손가락으로 목 깊이 알약을 넣어 삼킬 때 까지 입을 쥐고 있는다

(2) 걸리기 쉬운 병

■ 원기 회복시에 갑작스런 운동은 피할 것

개의 질병 중 강아지에게서 많이 나타나는 것이 설사이다. 운동이 부족하면 대변은 다소 묽어지나 설사인 경우에는 소화불량이나 세균성의 것 또는 기생충에 의한 것이라 보아야 한다. 소화제를 먹여도 설사가 멈추지 않으면 수의사와 상의할 필요가 있다.

또 개는 감기에 잘 걸린다. 가만이 있어도 코의 점막(粘膜)이 많이 젖어 있을 때는 사람이 콧물을 흘리는 것과 마찬가지로 감기에 걸려 있는 수가 많다. 오한이나 재채기를 할 때에도 감기의 초기증세라 생각하는 것이 좋다.

격렬한 운동을 했을 때나 추운 겨울 등은 급성 폐렴이 되는 수가 있다. 그런 때는 곧 수의사에게 보이도록 한다.

급성 폐렴은 병세가 회복하기 시작하면 개는 부쩍부쩍 활력을 되찾는

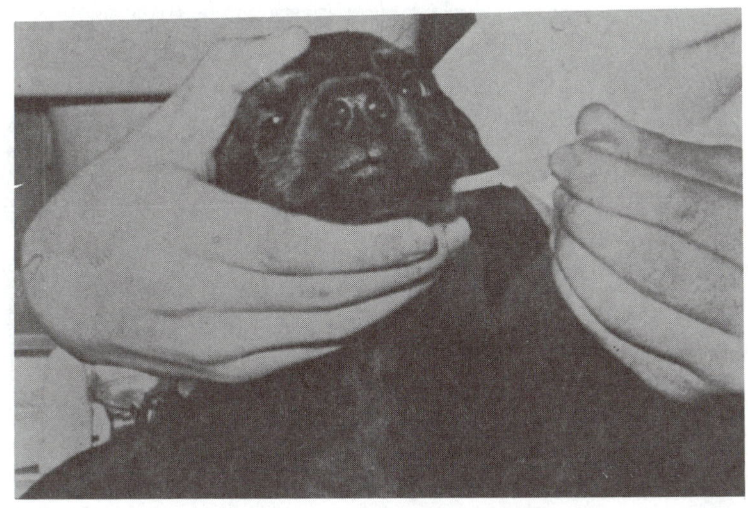

물약은 입 곁에서 스포이드로 넣는다

데 이때 갑자기 운동을 시키면 병이 재발하는 수가 있으므로 주의해야
한다.

다음 몸의 각 부분의 병에 대해 언급해 보기로 한다.

눈　눈꺼풀이 부어 오르거나 눈물이 나오거나 또는 벌겋게 되는 것은
홍채염(虹彩炎), 결막염 등이므로 수의사의 치료가 필요하다.

귀　관리가 나쁘기 때문에 흔히 생기는 귀지는 내분비물이 고여 내이
염(內耳炎)의 원인이 되므로 귀는 언제나 청결하게 해주어야 한다. 간단
하게 중조(重曹:중탄산 소오다) 0.25ｇ, 글리세린 2.5ｇ을 물에 녹여 그것
으로 귀지를 적시게 해두고 약 하루 후에 잘 닦아내면 좋다.

치아　실내견은 대체로 미식(美食)을 즐겨하므로 치석(齒石)이 생기
기 마련이다.

이것이 너무 쌓이면 치육염(齒肉炎)이나 치조농루(齒槽膿漏 : 치근에
고름이 괴는 상태)의 원인이 되므로 수의사에게 부탁하여 치석을 제거해
줄 필요가 있다.

코　사소한 콧물의 경우라도 보온에는 충분히 조심하며, 특히 디스템
퍼(Distemper : 급성 전염병)의 초기 증상의 하나이기도 하므로 주의를
요한다.

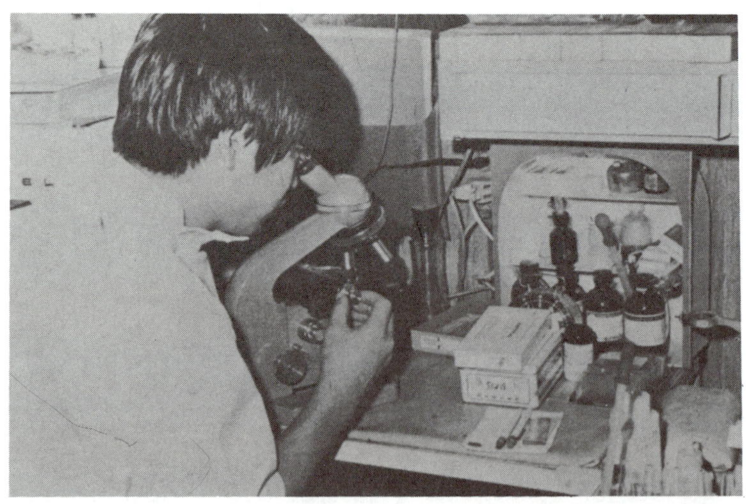

검변(撿便)

122

피부　피부병에서는 개의 숙적으로서 싫어하고 있는 것이 아카리아시스(Acariasis : 毛包虫症)가 있다. 눈, 입, 귀 주위에서 시작하여 목, 다리에 퍼진다. 기생충이므로 청결하게 하여 벌레의 발생을 방지해 주는 것이 제일이다. 옴, 습진(濕疹)도 피부병으로서 많은 것이다. 원인이 외부 기생충에 의한 것인가, 그렇지 않으면 체내의 이상에 의하는가 원인을 잘 식별한 후에 약을 사용한다.　초보자의 판단은 위험하다. 어쨌든 개의 피부를 보호하기 위해서는 모기나 벼룩 따위의 구제에는 세심한 주의를 기울여야 한다.

구토　물을 먹어도 토하는 수가 있다. 원인은 여러 가지가 있으나 발열을 수반하는 경우는 급성 전염병의 경우가 많은 것 같다. 디스템퍼, 간염, 감기, 레프토스피라(Leptospira : 견티브스라고도 함), 급성 위염, 급성 장염 등이 있다. 열이 없는 경우의 대부분은 기생충에 의한 것이라 생각된다.

기침　구토하는 듯한 기침을 하거나 목구멍에 가시라도 걸려 있는 듯이 캬캬거리는 것은 인후염(咽喉炎)이다. 기침에다 열이 있고 더군다나 고열인 경우는 감기 디스템퍼, 늑막염 등 일 수가 있다. 열이 없으면 단순한 기관지염이나 필라리아증(filaria : 모기에 의해 감염되며 심장에 필라리아가 기생하는 병)이라 생각된다.

어쨌든 간에, 초보자가 어설픈 지식으로 경솔하게 질병의 원인을 판단하는 것은 위험하다.

그보다는 병의 증세가 나타나면 일찌감치 수의사와 상의하는 것이 바람

방귀를 꾸는 개의 독특한 포즈

직하다. 애견가로서는 질병의 치료법을 어설프게 연구하기 보다는 병의
증세를 발견하여 그것을 미리 알아두는 방법을 익히는 것이 우선이라 할
수 있다.

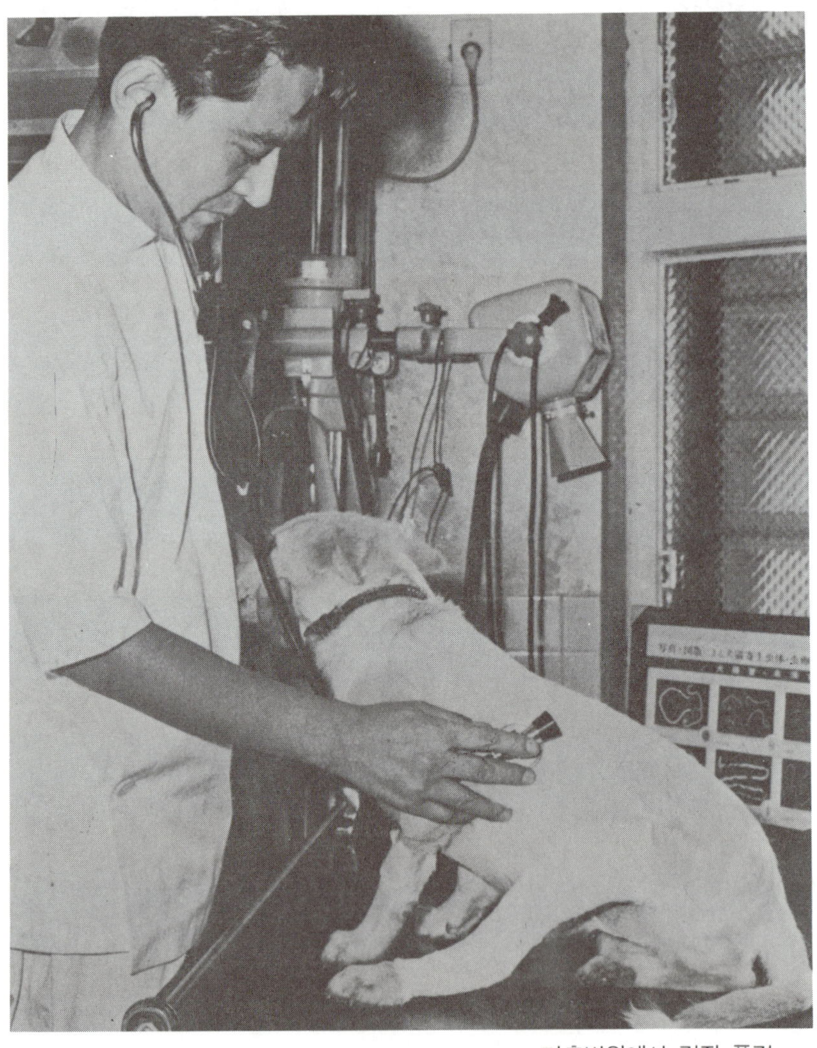

가축병원에서 검진 풍경

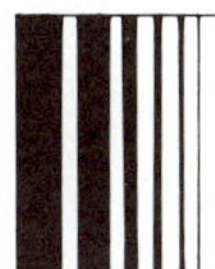

(3) 전염병과 기생충

■언제나 청결을 유지해야 한다.

전염병에는 전염성 간염, 디스템퍼, 레프토스피라증, 광견병 등이 있다. 그러나 오늘날 이들 병에는 1회의 예방주사로 일생을 안심하고 보내게 되었다.

디스템퍼는 누구나 알고 있는 개의 질병으로 매우 귀찮은 것인데 주로 강아지에게 생기는 것이다. 혈청이나 왁찐으로 미연에 예방하는 것이 중요하며 생후 2~3개월 내에 접종해 준다.

전염성 감염에도 디스템퍼 예방에 쓰이는 2종 혼합의 왁찐을 사용한다. 레프토스피라증은 디스템퍼와 같이 일어나는 일이 많기 때문에 예방 조처를 해두면 걱정 없다.

광견병은 개에 있어서는 가장 불행한 병이다. 디스템퍼와 마찬가지며 바이러스에 의해 생기는 것으로 이것에 걸리면 백퍼센트 소생이 어렵다. 요즘 예방법이 엄중하므로 발생은 거의 없으나 주로 광견병에 걸려 있는 개에 물리는 것이 원인이다. 애견가의 의무로서 봄, 가을 2회에 예방주사는 반드시 맞추도록 해야 한다. 광견병은 사람에게 큰 해를 끼치는 무서운 병의 하나이다.

다음은 개생충인데 개의 일생은 그 생활 환경에 비추어 기생충과의 싸움에서 시작된다. 기생충에는 회충, 구충(驅蟲), 촌백충, 편충(鞭蟲), 필라리아증 등이 있다.

회충   강아지에게 많으며 피해가 큰 것이다. 알은 흙 따위와 함께 입에 들어가 소장 안에서 자라고 유충은 폐에서 기관지를 거쳐 목구멍, 식도, 위를 통과하여 장에 들어가 거기서 성충이 된다.

수많이 기생하면 입냄새, 빈혈 등이 생겨 강아지는 특히 복부가 팽창하여 소화 불량, 설사, 혈변 증상을 나타낸다. 회충은 검변에서 발견할 수 있으나 구충제로 예방을 하는 편이 안전하다. 구충은 제1회째가 생후 4~5주일에, 제2회째가 2개월 정도, 3회째는 3개월이 지난 후에 하면 안전하다.

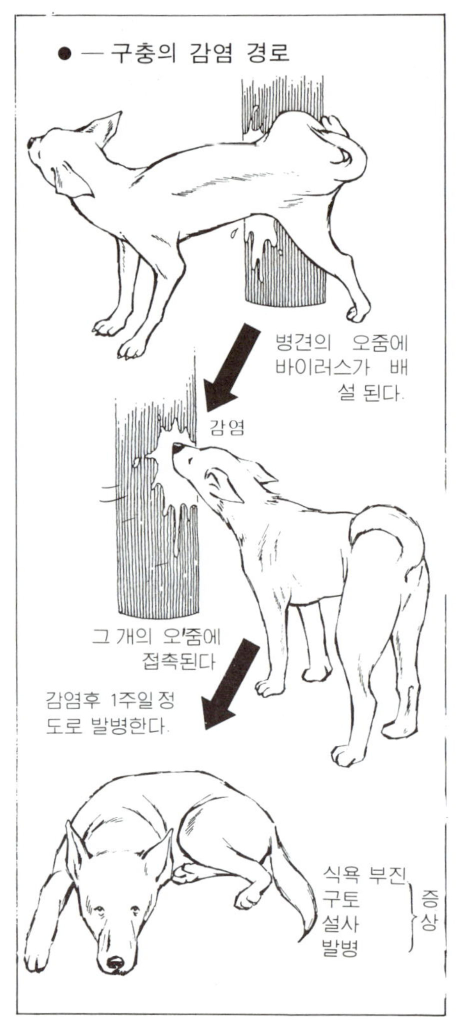

구충(驅虫) 　　모견의 태내에서 이미 감염되어 있는 수가 있어 젖먹이 강아지 때부터 감염하는 수도 있다.

　예방법은 청결하고 습도를 적당히 유지시키는 것이다. 벌레의 알은 개의 입이나 피부로 침입하므로 운동 중에 잡초에서 전염이 되지 않도록 주의한다.

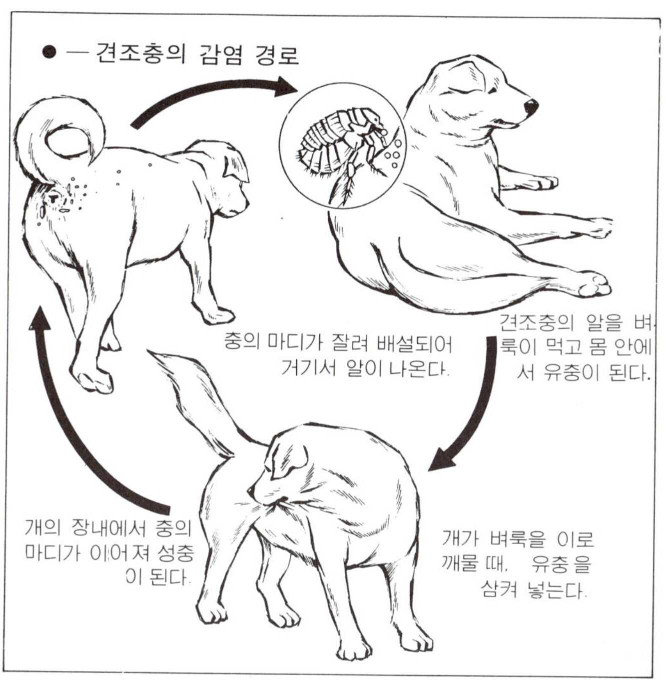

촌백충(條虫)　　몸털을 물거나 핥거나 할 때 그 유충을 가진 벼룩에 의해 기생하는 수가 많은 것 같다. 개의 촌충이 자라 강해지면 성숙한 절편이 잘려져 변과 함께 배설되면 하얀 절편이 움직이므로 알 수 있다. 촌백충 구충약은 공복시에 주며 개집이나 개의 몸을 청결하게 유지하여 벼룩이 생기지 않도록 한다.

편충　　맹장이나 대장에 기생하는 벌레로 감염은 성견에 많이 보인다. 설사, 혈변, 빈혈 등을 일으키는데 구충약을 사용하면 그 효과는 뚜렷하다.

필라리아증　　이것도 기생충에 의한 병으로 심장사상충(心臟糸狀虫)이라는 선충(線虫)의 일종이 혈액에 기생하는 것으로 심장에도 파고 들어가 심장마비 등을 일으키는 무서운 것이다. 중간 숙주는 모기로 습도가 높은 지방에 많은 병이다. 필라리아증의 예방은 무엇보다도 모기에 쏘이지 않도록 배려해야 하지만 모기를 완전히 예방하기란 불가능하다. 그러므로 1년에 한번 모기가 줄어드는 10월경에 주사를 맞히도록 하면 필라리아증을 거의 막을 수가 있다.

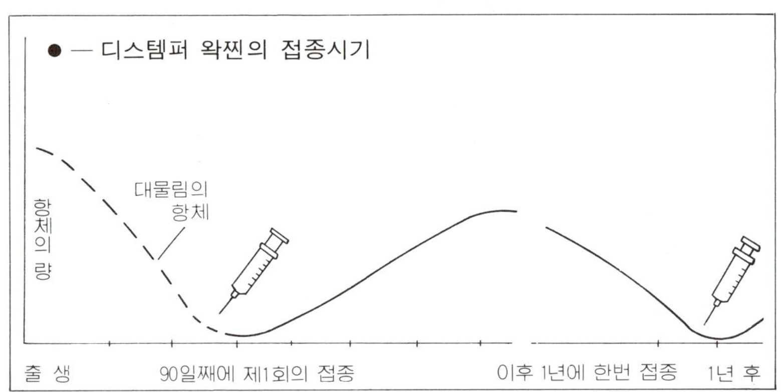

(4) 노견(老犬)이 되면

■ 마지막 생애까지 따뜻하게 돌봐줄 것

노쇠는 질병은 아니지만 노견을 다루는 법도 여기에 간단히 언급하려 한다.

개의 수명은 대충 12~15년인데 10년이 지나면 이제까지 기운이 좋았던 개도 갑자기 쇠약해진다. 이때부터 노견이라 생각해도 틀림 없다.

차츰 체력이 쇠약해져 활기도 없어지게 되고 성격이 까다로와 지며 하루 종일 누워만 있고 먹는 데에만 신경을 쓰게 되거나 우두커니 생기 없이 지내는 날이 많아 진다. 그렇지만 대개의 개는, 여전히 산책만은 아주 좋아 할 것이다. 오랜 세월 길러준 주인과 함께 산책한 낯익은 길을 걷는다는 것은 아마도 노견에게 있어서는 최대의 즐거움일 것이다.

무리가 되지 않는 조용한 산책이라면 데리고 나가는 것도 좋을 것이다. 사육관리에 특별한 주의는 없으나 이전보다 더한 연민의 정으로 대해주어 노후를 따스하게 돌봐 주도록 하자.

이렇듯 생애를 지켜 보는 것도 애견가의 큰 의무의 하나인 것이다.

제 7 장　길들이기와 훈련

말티스

(1) 길들이기는 주인의 책임

시중을 들고 귀여워 해 주는 것이 길들이기의 첫걸음이다

■ 혈통보다 어떻게 자랐느냐가 우수성을 가늠한다

　사람과 개가 쾌적한 생활을 보내기 위해서는 서로가 불유쾌한 일이 있어서는 안 된다. 공동 생활을 하는데 서로의 마음과 마음이 통하여 거기서 우러나오는 친밀감에 뒷받침된 예의와 질서가 필요한 것은 사람들 사

흩어진 먹이는 먹여서는 안된다

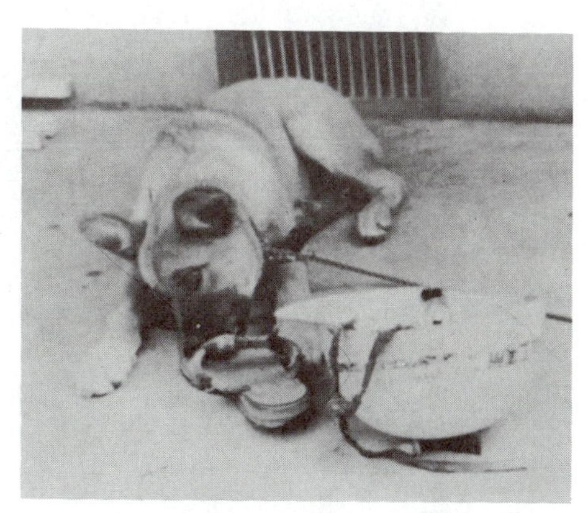

개는 물어 뜯는 것을 좋아한다

이에서는 물론 사람과 개와의 경우에도 마찬가지인 것이다.
　개라는 동물은 어떻게든 주인으로부터 칭찬을 받고 마음에 들어 보이려
고 생각하고 있다. 인간은 개의 이러한 본능적인 감정을 잘 이용하여 개
를 잘 교육시킬 수 있는 것이다.

　　그런데 아쉬운 점은 개는 말을 할 수가 없다. 그러나 영리한 동물이므로 인간의 기분을 민감하게 느껴 읽는다. 인간이 정성을 다해 길들이면 개는 사람을 잘 따르게 되므로 시간의 여유를 갖고 느긋하게 길들여 가는 동안 여러 가지의 것을 배워 나가게 된다.

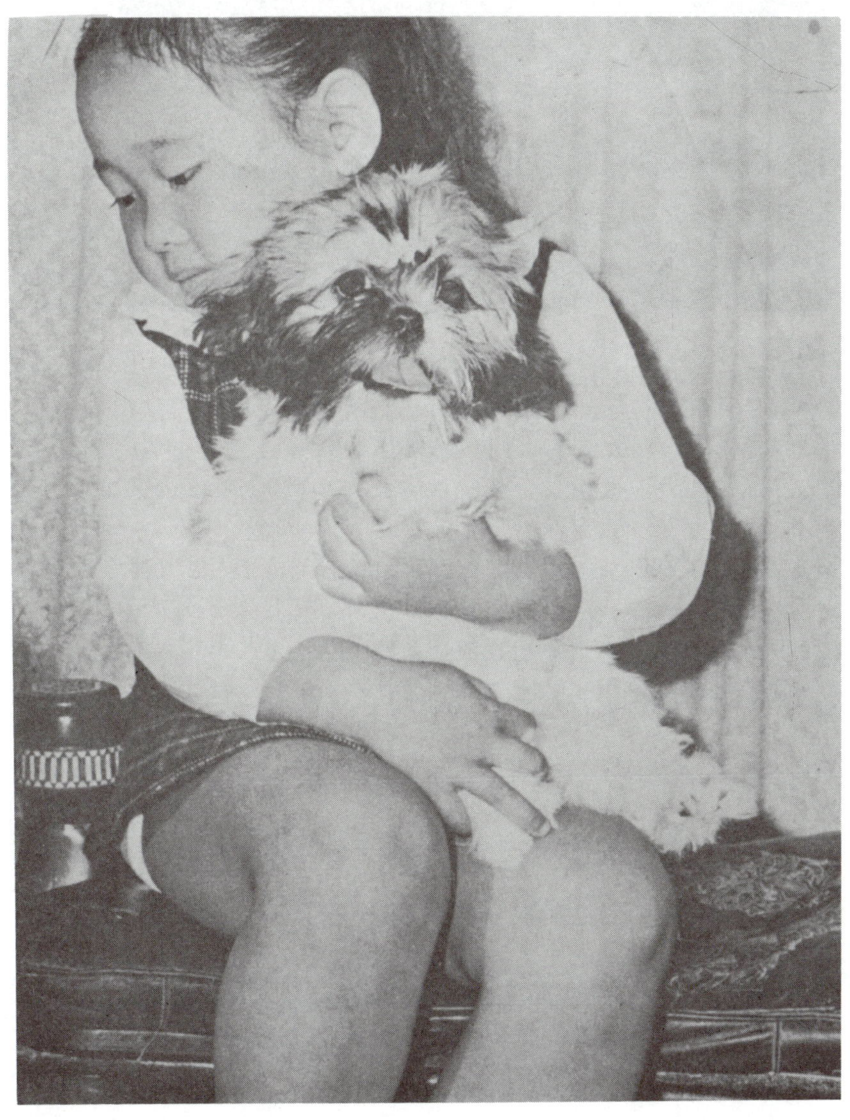

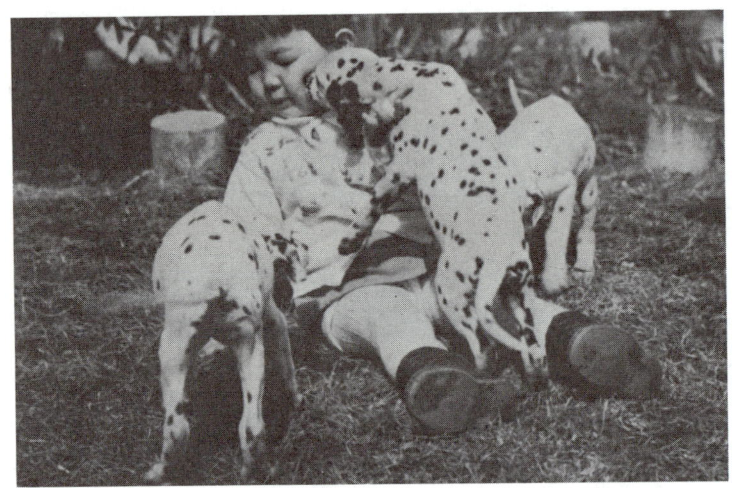

달마티언의 강아지들

　혈통보다 어떻게 자랐느냐 라는 말이 있지만 이런 비유는 개의 경우에도 꼭 들어 맞는다. 아무리 혈통이 좋은 개라도 주인이 길들이기와 훈련을 게을리하면 어처구니 없는 똥개가 되어 버리며 별로 보잘 것 없는 잡종견이라도 주인의 애정있는 길들이기에 의해 훌륭한 품격을 갖춘 개로 자라는 것이다.

　개를 괴롭히거나 무턱대고 꾸짖는 따위는 말도 되지 않지만 반대로 개의 어떠한 버릇 없는 짓도 받아들여 마냥 개의 비위만 맞추는 것도 옆에서 보기에 좋지 않고 칭찬할 만한 것이 못된다.

　자애심과 위엄성을 갖고 개를 대하며 기르는 개에게 훌륭한 길들이기를 시켜 나가는 것도 애견가의 큰 책임 중 하나이다. 말 못하는 개에 대해서는 그 모든 것이 기르는 주인의 책임이라는 점을 잊어서는 안 된다.

 (2) 길들이기의 마음가짐 

■ 목표를 설정하고 서서히 진행한다

개 길들이기는 먼저 개의 기분을 잘 아는 것이 중요하다. 부모가 자식을 대하듯이 항상 애정을 갖고 개를 상대하여 돌봐주고 귀여워해 주는 것이 개 길들이기의 첫걸음이 된다.

동시에 끈기있게 주입시켜 간다. 여유를 갖고 느긋하게 서서히 그리고 싫증나지 않도록 한다. 무엇 보다도 조급해지면 안 된다. 서두르지 말고 쉬지 말고 하나씩 확실히 가르쳐 준다. 교육을 쉬거나 중지하지 않는 것이 중요하며 어중간하게 멈추거나 하면 오히려 게으름을 피우는 버릇이 생겨 나쁜 버릇에 물드는 수가 많은 것이다.

또 어느 정도까지 길들이며 훈련하느냐 하는 목표를 확실히 정하는 것도 필요하다. 이 목표를 확실히 정하고 시작하지 않으면 아무래도 길들이기가 기분에 치우쳐 헛점이 생긴다. 목표를 정하고 순서대로 단계를 밟아가며 하나하나를 가르치고 그것을 하게 되면 다음 단계로 진행해야 하므로 길들이기에 일관성이 없으면 실패의 원인이 된다.

또 한가지 개가 싫어하는 것은 기분파인 주인의 장난기이다. 갖은 못된 장난을 쳐도 심하게 꾸짖거나 전혀 꾸짖지 않는다든가 그날의 기분에 따른다면 개는 못 견딘다. 길들이기에 일관성이 없으면 개는 망서릴뿐으로 길들이기의 성과도 오르지 않는다.

(3) 칭찬법과 꾸짖는 법

■ 칭찬과 야단은 그 자리에서

어린이의 경우와 마찬가지로 개도 칭찬하거나 꾸짖어가며 길들이기를 해나간다. 그 타이밍이 매우 중요하다. 개가 지금 무엇 때문에 칭찬을 받았는가 또는 무슨 일로 야단을 맞았는가를 확실히 알 수 있도록 해주어야 한다.

그러기 위해서는 잘못된 짓을 하면 바로 그 자리에서 꾸짖고 잘 했으면 바로 칭찬해 주도록 한다. 어느 경우에든 그 행위의 직후가 아니면 개는

고집이 센 개라면 체벌을 가해도 좋다

잘했을때는 칭찬을 해주는 것이 중요하다

대퇴부를 두들기면 왼쪽 곁에 오도록 한다

무엇 때문에 꾸중을 또는 칭찬을 받았는지를 이해할 수 없기 때문에 길들이기의 효과가 없다.

그리고 앞에서 언급했 듯이 상과 벌을 확실히 구별하여 개가 잘 이해하도록 하는 것이 중요하다.

또한 벌은 금지할 수 있는 것에 대해서만 가하도록 한다. 예컨대 소변은 생리 현상이므로 금지시킬 수 없으나 그 장소를 제한하여 주입시키는 것은 쉽게 길들일 수 있는 것이다.

　꾸짖을 때는 자애와 위엄을 갖고 하는 것이 효과적이다. 웃는 표정으로도 안 되며, 노여움에 가득 차 꾸짖는 것도 개에게 공포감을 일으키게 되므로 좋지 않다.

　그 행위가 나쁘다는 것을 알게 해주면 좋으므로 애정을 갖고 위엄 있는 태도를 취하도록 해야 한다.

　꾸짖을 때는 언제나 정해진 말을 되풀이 하도록 한다. 가령 「안 돼」라는 용어로 정했으면 언제나 꾸짖을 때에는 「안 돼」로 반복하면서 때리도록 한다. 그렇게 하는 동안에 「안 돼」하는 말만 하면 개는 그 행위가 나쁘다는 것을 이해하고 그 말만 효과를 올릴 수 있게 된다.

　이러한 개의 길들이기는 칭찬하는 것과 꾸짖는 것에 의해 차츰 완성되어 가는 것이다.

(4) 대소변과 먹이의 길들이기

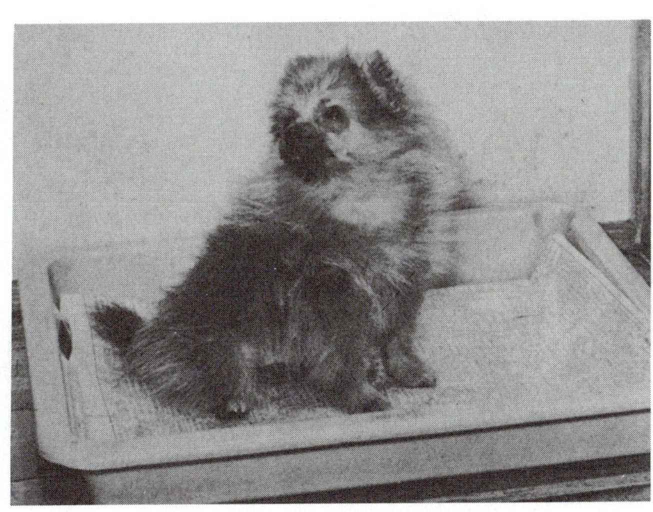

이상한 폼을 하면 배변 상자에

■ 먹이는 반드시 정해진 자리에서

길들이기는 언제부터 시작하면 좋은가, 태어났을 때부터라 해도 과언이
아닐 것이다. 즉 인간의 경우와 마찬가지로 길들이기의 첫걸음은 대소변
가리기와 먹이에서부터 시작해야 하기 때문이다.

강아지는 간혹 식사한 후에 아장아장 걸어가다가 좀 이상한 모습을 취
했다, 생각하면 장소를 가리지 않고 염체 없이 싸고 만다. 우선 이것부터
못하게 해야 한다.

우선 배설의 장소를 정하고 거기에 얕은 상자에 모래를 넣어 배변 상자
를 만들어 놓아 준다. 몸집이 극히 작은 애완견이라면 신문지를 3~4매
겹쳐 깔아 주어도 그런대로 상관 없다.

처음에는 방바닥이나 마루 등에서 싸면 거기에 강아지의 코를 밀어대고
꾸짖듯이 「안 돼」라고 타이른다. 다음에 헝겊 조각 따위로 훔쳐내고 그
냄새가 밴 것을 배변상자 위에 올려 놓고 강아지를 상자로 데리고 가서
냄새를 맡게 하면서 가르친다.

그러는 동안 또 소변이 마려우면 이상한 모습을 하므로 그 때 재빨리
배변상자에 넣어 준다. 그런 일을 3회 정도 되풀이하면 언제나 그곳으로
가서 누는 버릇을 간단히 익히게 되는 것이다.

만약 잘 익히지 못하면 배설이 끝날 때까지 함께 있어 주면 다른 장소

식사는 모든 길들이기의 기초이다

에서 싸지 않게 된다. 그래도 아무 곳에서나 배변하는 상태가 보이면 호되게 꾸짖도록 해야 한다. 이때 반드시 그 자리에서 꾸짖도록 한다.

다음은 식사인데 먹이에 대해서 행동거지가 나쁜 개는 가정견으로서 실격이므로 이것은 엄하게 길들일 필요가 있다. 또 식사는 모든 길들이기의 기초이기도 하다.

우선 먹이는 반드시 정해진 장소에서 줄 것. 개집이면 개집에서 부엌 구석이면 거기서 언제나 같은 장소에서 식사를 시키도록 한다. 일단 이 습관이 몸에 배면 개는 다른 장소에서 먹이를 받아도 정해진 장소로 물고 와서 먹게 된다. 이쯤 되면 예의바른 개로 누구에게든 호감을 받게 될 것

이다.

먹이의 길들이기로서는 앞에 먹이를 놓고 먹으라고 할 때까지 먹지 못하게 하는 이른바, 「기다리기」도 중요한 것이다. 이것은 어릴 때에 배우게 하는 길들이기의 하나로 개가 좋아하는 먹이를 주고 먹으려고 하면 「기다려」라고 명령하여 먹는 것을 허용하지 않게 한다. 이것을 한 두번 되풀이했다가 「좋아」라고 말하고 먹도록 하는데 곧바로 「좋아」할 때까지 참을성 있게 기다리게 된다.

또 먹이라면 무엇이든 주워 먹지 않도록 할 것, 모르는 사람이 준 먹이는 주인의 허락이 없으면 입에 넣지 못하도록 할 것——이러한 길들이기는 집 지키는 번견의 경우에는 반드시 실시해야 할 중요한 훈련이다.

개는 먹이를 주는 사람에게 가장 애정을 느끼게 되므로 그 사람이 길을 들이면 의외로 쉽다. 그런 뜻에서 먹이를 주는 사람은 한사람으로 정하는 것이 바람직하다.

⑤ 기타 중요한 길들이기

■ 생후 반년이나 8개월 정도가 적기

대소변과 먹이의 길들이기가 되면 다음에는 「앉아」 「이리 와」 「가져와」 「짖어」 등을 주입시키면 가정견으로서는 우선 합격이다.

「앉아」는 「앉아」의 명령으로 앞발을 가지런히하여 허리를 낮추며 「좋아」 또는 「서」의 명령이 있을 때까지 앉아 있도록 하는 훈련이다. 너무 어릴 때는 무리이지만 생후 반년이나 8개월 쯤 지나 훈련시키면 좋을 것이다.

강아지에게 먹이를 줄 때는 그릇을 왼손에 쥐고 오른손으로 앞에 있는 강아지의 허리를 눌러 준다. 이 동작을 끈기 있게 반복하다가 밥그릇을 주어 먹게 하면 순순히 말을 듣게 된다.

「이리와」는 이름을 부르면 바로 주인 앞으로 달려 오도록 한다. 또 「가져와」는 지시한 물건을 물고 주인 앞으로 가져오게 하는 것이다.

「앉아」로 개를 제자리에 앉힌 뒤 헝겊 뭉치나 나무 조각을 앞에 던지고

● ― 개 훈련시키는 법

  모든 신호는 '차려' 자세에서 시작한다. 무엇보다 인내를 가지고 반복 훈련 시키는 것이 중요하다.

앉아 한손으로 줄을 위로 당겨 고개를 들게 하고 다른 한손으로 허리를 아래로 눌러서 앉아의 자세를 기억시킨다.

일어서 한손으로 줄을 위로 당기면서 동시 에 다른 손을 몸 밑으로 손을 넣어 들어올리 면서 일어서는 동작을 하게 한다.

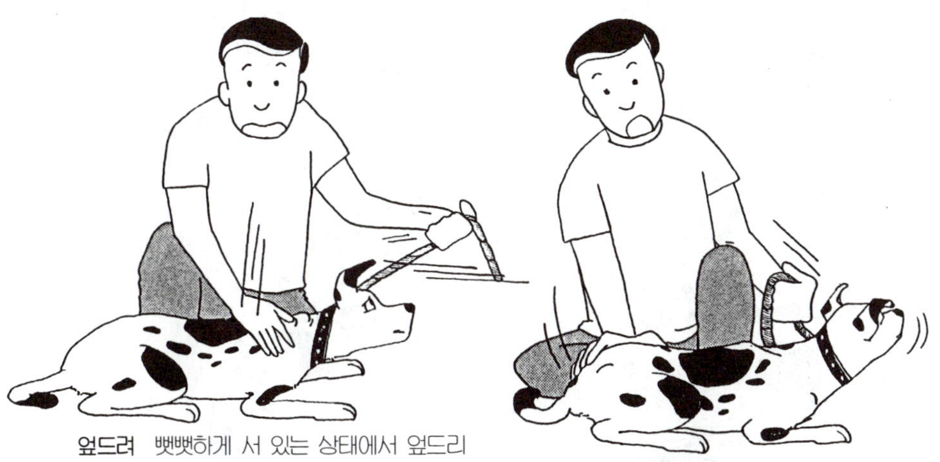

엎드려 뻣뻣하게 서 있는 상태에서 엎드리 게 하려면 줄을 개 시선의 전방으로 쏠리게 해주면서 동시에 어깨를 아래로 눌러서 엎 드려 동작을 하게 한다.

쉬어 개줄을 사람의 몸쪽으로 잡아당기면 서 개의 둔부를 살짝 일어서 편한 자세를 잡 도록 해준다.

는 「가져와」하고 호령하여 가져오게 한다.

　결코 조급하게 하지 말고 매일 짧은 시간씩 쉬지 않고 느긋하게 가르치면 어떤 개라도 이상의 동작 정도는 반드시 해낸다.

　또 물에 들어가거나 뛰어넘기의 훈련도 그다지 어렵지는 않다. 개에 따라서는 물을 무서워 하거나 뛰어 넘는 것을 두려워 하기도 하나 처음에는 강제적으로 물에 넣거나 뛰어넘게 하지 말고 먼저 주인이 아무렇지도 않은 체하고 물에 들어가면 개도 따라오게 되며, 뛰어넘을 경우도 마찬가지이다. 개를 겁주지 말고 길들이는 것이 훈련의 요령이다.

끝으로 길들이기 중 불복종이나 반항은 철저하게 벌을 주어 바로 잡도
록 해야 한다. 즉 주인의 명령에 따르지 않거나 또는 반항하거나 짖거나
으르렁거리거나 하면 망서릴 것 없이 벌을 주어야 한다. 특히 반항하여
물어뜯으려고 할 경우에는 개가 완전히 졌다고 비명을 지를 때까지 호되
게 따끔한 맛을 보여 주는 것이 훗날을 위해서도 중요하다.

「손」「다른손」을 가르키자
손!!
① 처음에는 개의 손을 잡고 올리고 좋아하는 것을 준다

② 「손」이란 말로 올리도록 한다
손!!

으르렁거리는 개의 길들이기
① 식기를 앞에 놓고 때때로 먹을 것을 한데 뭉친다
우응!

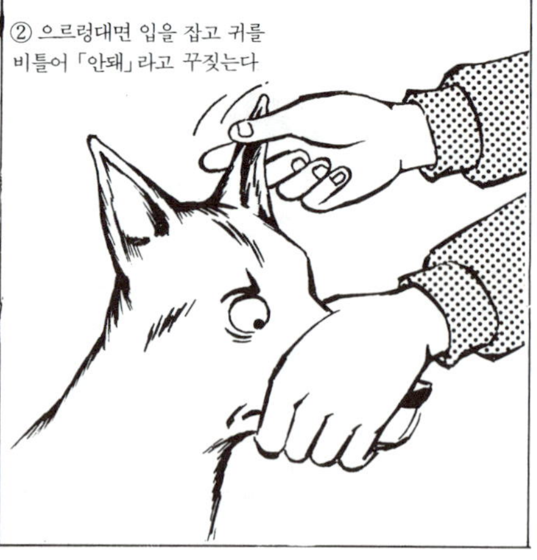

② 으르렁대면 입을 잡고 귀를 비틀어 「안돼」라고 꾸짖는다

제 8 장 개의 번식

치와와

(1) 개의 생리와 발정

■ 암컷의 발정기는 1년에 2회

개가 새끼를 낳을 수 있는 능력을 갖는 것은 수컷은 생후 12~14개월, 암컷은 9~12개월 정도 부터이다. 그러나 좋은 강아지를 낳게 하려면 수컷은 2년 암컷은 1년 반 정도의 것이 좋다고 되어 있다.

수컷은 발정기(season)가 없으므로 체형이 성숙만 하면 언제라도 발정한 암컷과 교배시킬 수가 있다.

그러나 암컷의 경우는 보통 1년에 2회 대체로 봄과 가을에 일정한 기간(약 2주일간)만 발정기가 온다. 따라서 생후 1년이 지났다고 해서 교배시켜도 된다고 생각하면 안 되며, 그 이후 최초의 발정기부터 번식에 사용할 수가 있는 것이다. 또 최근에는 개의 영양이 좋아졌으므로 1년에 3회나 4회 발정하는 개도 흔히 있다.

암컷이 발정하면 다음과 같은 거동의 변화가 나타난다. 발정기가 다가오면 평소보다 털에 윤기가 난다.

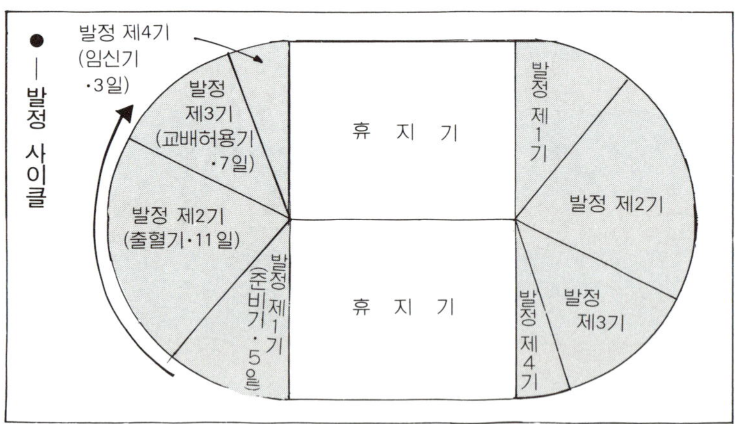

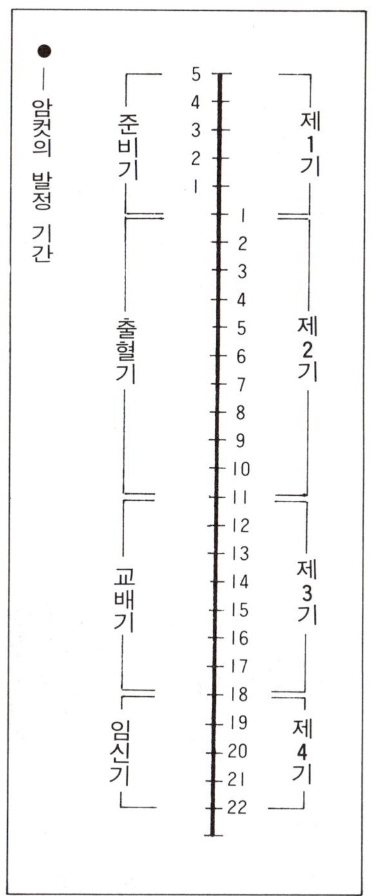

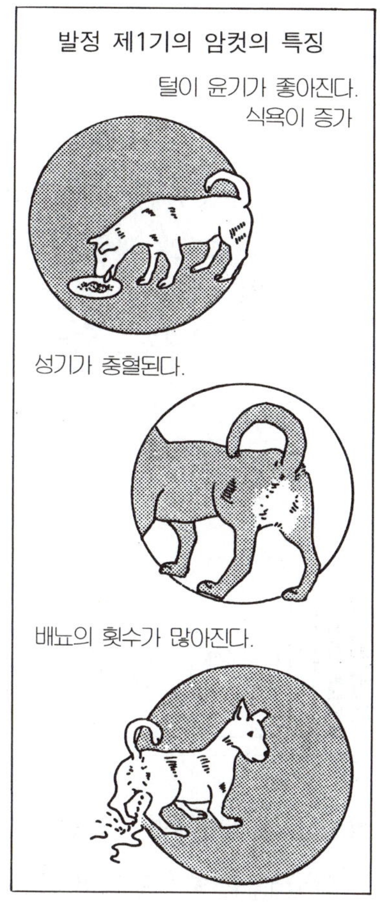

병이 아닌 데도 어딘가 침착하지 않고 신경질적이 되어 사소한 것에 흥분하거나 낯선 사람에게 덤비거나 좋은 먹이를 주어도 쳐다보려고도 않는다.

이러한 거동이 나타나면 우선 발정의 징조라 보아 틀림이 없다. 대체로 식욕이 감퇴하며 흥분적이 된다.

동시에 배뇨가 불규칙하게 되며 평소에는 아무데나 싸지 않던 개가 정해진 장소 이외에서도 싸는 수가 있다. 이런 경우에 개를 꾸짖으면 안된다.

이러다가 출혈을 시작하여 수태의 적기가 되는 것이다.

발정 제2기의 암컷의 특징   발정 제3기의 암컷의 특징

외음부가 팽대하여 출혈이 보인다.

암컷이 자진하여 수컷에게 접근하려고 하며
엉덩이에 닿기만 해도 꼬리를 쳐든다.

(2) 상대 수컷 고르는 법

■ 발정기를 맞이하면 미리 상대를 물색해 둔다

좋은 새끼를 낳게 하기 위해서는 어미 개가 훌륭한 개야 함은 물론이지만 상대 수컷도 동일 품종의 우수한 개가 바람직한 것이다.

이 수컷 고르는 법은 상당히 어려운 것인데 대충 다음과 같은 조건을 생각하여 선정하면 좋을 것이다.

① 그 품종의 표준에 잘 맞는 이상적일 것.

② 암컷이 갖고 있는 좋은 점을 남기고, 나쁜 점을 보완할 수 있는 수컷일 것.

③ 혈통적으로 훌륭한 것으로 나쁜 유전의 소질이 없는 건강한 개일 것.

유전의 소질이 없는 건강한 개일 것. 과거의 실적 등을 잘 조사하여 참고로 할 필요가 있다.

148

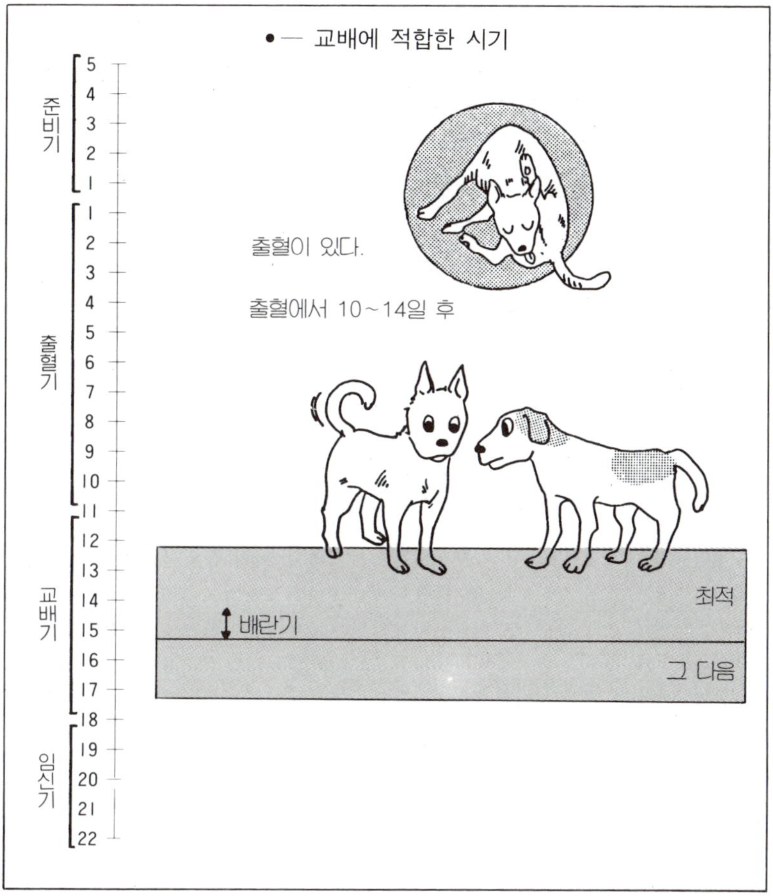

교배료나 새끼나누기에 대해
사전에 합의하도록

어미개가 되는 암컷의 조건은

① 암컷으로서 훌륭한 특징을 갖는 것.

② 혈통상 나쁜 유전 소질이 없고 건강하며 임신 능력이 있는 것. 난산을 피하기 위해 너무 야위거나 살찐 것이 아닌 것.

③ 그 품종의 표준에 맞는 것.

④ 새끼를 잘 키울 수 있는 것.

대체로 이상과 같은 점이 기준이 된다.

좋은 암컷을 갖고 있고 번식시킬 희망이 있으면 언젠가는 발정기를 맞

●── 교배일과 출산 예정일 　　임신기간 63일

	월	일
교배일	1月	1 2 3 4 5 6 7 8 9 10 11 12 13 14 15 16 17 18 19 20 21 22 23 24 25 26 27　　28 29 30 31
출산일	3月	5 6 7 8 9 10 11 12 13 14 15 16 17 18 19 20 21 22 23 24 25 26 27 28 29 30 31　　4月 1 2 3 4
교배일	2月	1 2 3 4 5 6 7 8 9 10 11 12 13 14 15 16 17 18 19 20 21 22 23 24 25 26　　27 28 (29)
출산일	4月	5 6 7 8 9 10 11 12 13 14 15 16 17 18 19 20 21 22 23 24 25 26 27 28 29 30　　5月 1 2 (3)
교배일	3月	1 2 3 4 5 6 7 8 9 10 11 12 13 14 15 16 17 18 19 20 21 22 23 24 25 26 27 28 29　　30 31
출산일	5月	3 4 5 6 7 8 9 10 11 12 13 14 15 16 17 18 19 20 21 22 23 24 25 26 27 28 29 30 31　　6月 1 2
교배일	4月	1 2 3 4 5 6 7 8 9 10 11 12 13 14 15 16 17 18 19 20 21 22 23 24 25 26 27 28　　29 30
출산일	6月	3 4 5 6 7 8 9 10 11 12 13 14 15 16 17 18 19 20 21 22 23 24 25 26 27 28 29 30　　7月 1 2
교배일	5月	1 2 3 4 5 6 7 8 9 10 11 12 13 14 15 16 17 18 19 20 21 22 23 24 25 26 27 28 29　　30 31
출산일	7月	3 4 5 6 7 8 9 10 11 12 13 14 15 16 17 18 19 20 21 22 23 24 25 26 27 28 29 30 31　　8月 1 2
교배일	6月	1 2 3 4 5 6 7 8 9 10 11 12 13 14 15 16 17 18 19 20 21 22 23 24 25 26 27 28 29　　30
출산일	8月	3 4 5 6 7 8 9 10 11 12 13 14 15 16 17 18 19 20 21 22 23 24 25 26 27 28 29 30 31　　9月 1
교배일	7月	1 2 3 4 5 6 7 8 9 10 11 12 13 14 15 16 17 18 19 20 21 22 23 24 25 26 27 28 29　　30 31
출산일	9月	2 3 4 5 6 7 8 9 10 11 12 13 14 15 16 17 18 19 20 21 22 23 24 25 26 27 28 29 30　　10月 1 2
교배일	8月	1 2 3 4 5 6 7 8 9 10 11 12 13 14 15 16 17 18 19 20 21 22 23 24 25 26 27 28 29　　30 31
출산일	10月	3 4 5 6 7 8 9 10 11 12 13 14 15 16 17 18 19 20 21 22 23 24 25 26 27 28 29 30 31　　11月 1 2
교배일	9月	1 2 3 4 5 6 7 8 9 10 11 12 13 14 15 16 17 18 19 20 21 22 23 24 25 26 27 28　　29 30
출산일	11月	3 4 5 6 7 8 9 10 11 12 13 14 15 16 17 18 19 20 21 22 23 24 25 26 27 28 29 30　　12月 1 2
교배일	10月	1 2 3 4 5 6 7 8 9 10 11 12 13 14 15 16 17 18 19 20 21 22 23 24 25 26 27 28 29　　30 31
출산일	12月	3 4 5 6 7 8 9 10 11 12 13 14 15 16 17 18 19 20 21 22 23 24 25 26 27 28 29 30 31　　1月 1 2
교배일	11月	1 2 3 4 5 6 7 8 9 10 11 12 13 14 15 16 17 18 19 20 21 22 23 24 25 26 27 28 29　　30
출산일	1月	3 4 5 6 7 8 9 10 11 12 13 14 15 16 17 18 19 20 21 22 23 24 25 26 27 28 29 30 31　　2月 1
교배일	12月	1 2 3 4 5 6 7 8 9 10 11 12 13 14 15 16 17 18 19 20 21 22 23 24 25 26 27 (28)　　28 29 30 31
출산일	2月	2 3 4 5 6 7 8 9 10 11 12 13 14 15 16 17 18 19 20 21 22 23 24 25 26 27 28 (29)　　3月 1 2 3 4

이하게 되는 것이므로 사전에 그 방면을 잘 아는 사람과 상의하여 좋은 상대 수컷을 골라 미리 예약해 두는 것도 좋을 것이다. 발정한 후에 서둘러 상대 수컷을 찾으려면 결코 좋은 수컷은 발견하기가 어렵다.

(3) 교배의 시기와 방법

■ 상대 수컷과 친해질 수 있는 시간을 준다

발정은 출혈에서 시작되며 약 2주일간 성기에 출혈이 있는데 뚜렷한 월경이 있는 것은 인간과 원숭이, 개 뿐이다.

수태되기 쉬운 시기는 그 중 몇 일로 발정이 시작하고 12~13일쯤이 교배의 적기로 되어 있다. 수컷을 가까이 오지 못하게 하는 동안은 아직 너무 빠르며 수컷이 접근해도 성내지 않고 꼬리를 옆으로 꼬부리게 되면 적기라 생각해도 된다.

그 전부터 알고 있는 개끼리라면 상관이 없으나 처음으로 얼굴을 맞대는 자웅의 경우는 친해지기까지 일정한 시간 동안 같이 놀게 하는 것이 좋다. 수컷은 어떤 암컷이라도 가리지 않지만 암컷은 쉽사리 받아 들이지 않기 때문이다.

특히 경험이 없는 암컷의 경우 낯선 환경과 사람들 사이에서 처음 보는 수컷과 상대하는 것으로 불안과 흥분으로 상당히 공격적이 된다. 그래서 수컷이 다가서면 용서없이 물어뜯기도 한다.

그러나 아침 나절에는 수컷을 강하게 거부했다가도 오후에는 쉽사리 받아들이기도 하는 것이다. 그리고 교배의 유무에 관계없이 3,4일 후에는 다시 냉담해진다.

■ 개의 교배 자세

개의 교미 자세는 원시적인 향배위(向背位)이지만 결합이 된 다음에는 서로 뒤를 대고 있는 기묘한 상태가 일어난다. 이것은 생리적으로 구두구

(龜頭球)의 팽창에 의한 것으로 수태를 확실히 하기 위한 것이라고 설명
되고 있다.

교미 시간은 상당히 걸리며 30분 이상 걸리는 수도 있다. 교미를 확실
히 하기 위해서는 1회를 끝낸 후 하루 이틀 사이에 다시 한번 시키면 좋
다고 되어 있다.

교미가 끝나면 한참 동안은 조용히 두도록 한다. 교미 직후의 이동은
수태율에서 보아 좋지 않을뿐더러 가능하면 3~4시간, 최저 1시간은 그대
로 조용히 안정시킬 필요가 있다.

또한 상대 수컷은 1주일에 2회의 교미까지는 사용할 수 있어도 3회 이
상은 좋지 않다고 되어 있다.

(4) 임신 중의 암컷의 관리

■ 과격한 운동은 삼가하고 영양을 듬뿍

교배 후 5주일째에 접어들면 수태의 기미가 뚜렷하게 나타나게 되는데
그 이전에 수태의 유무를 식별하려면 체중 측정법 이외에 확실한 방법이
없다.

젊은 암컷의 경우는 교배 후 2주일 정도에서 유선(乳腺)이 응어리지기
시작하므로 수태가 틀림없다고 생각해도 된다. 그 밖의 기미로는 외음부
의 이완, 식욕이 떨어지고 활기를 잃는 입덧 등이다.

아뭏든 교배가 끝나면 일단 임신한 것이라 생각하고 관리를 계속한다.

교배 후 4~5일은 운동을 삼가한다.

임신 기간은 품종에 따라 약간의 차이가 있으나 9주일(63일)이라 생각
하면 틀림이 없다(부표 참조).

교배 후 1주일이 지나면 운동과 영양에 충분한 배려를 해야 한다.

우선 운동인데 매일 평소와 같이 시간을 정해 너무 과격한 것만 피하고
(예컨대 질주, 도약 등) 적당한 운동을 시킨다. 적당한 운동을 시키지 않
으면 태아의 발육이 나빠져 태어나도 튼튼히 자라지 않는 수가 있다. 또

모체가 진통으로 인해 쇠약해짐은 난산의 원인이 되는 수도 있다.

　새끼가 5~6마리나 자라고 있으므로 영양의 보급도 중요하다. 영양있고 균형있는 식사를 충분히 주며 특히 칼슘분을 듬뿍 주도록 한다.

　그리고 임신 기미의 하나로서 교배후 2~3주일째에 식욕이 갑자기 떨어져 구토를 하는 등 이른바 입덧 상태를 나타내는 수가 있다. 보통 1주일 정도로 회복하며 이어 식욕이 갑자기 증가하여 임신이 뚜렷해지는데 간혹 회복되지 않는 경우도 있다. 입덧을 하는 동안에는 되도록 개가 좋아하는 것을 주도록 하여 체력의 소모를 방지하여 입덧이 심할 때는 수의사와 의

논할 필요도 있다.

임신 중에 일광욕도 게을리 하지 않도록 주의한다. 드디어 분만의 시기가 가까워지면 유방도 커지며, 예정일의 1주일 전쯤부터는 언제나 나른한 듯이 누워만 있게 된다.

분만 전 10일쯤 부터는 배변 이외의 운동은 전혀 필요 없다. 무엇보다도 안정이 제일이며 어미개가 안정된 상태에서 출산할 수 있도록 유념해야 한다.

⑤ 분만 전후의 주의

■ 분만 장소는 낯설지 않도록 미리 마련

드디어 분만이 가까워지면 불안한 듯이 주변을 두리번거리거나 분만 장소를 찾는 듯한 시늉을 보이기 시작한다.

개는 평소에도 장소가 바뀌는 것을 싫어한다. 하물며 출산을 앞두고 별안간 새 곳으로 옮기는 것은 절대 금물이다. 만일 새 산실을 마련하려면 적어도 2주일 전에 마련 해주어 개가 익숙해지도록 여유를 주어야 한다.

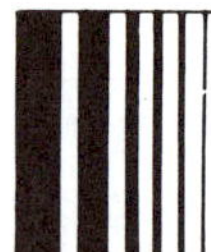

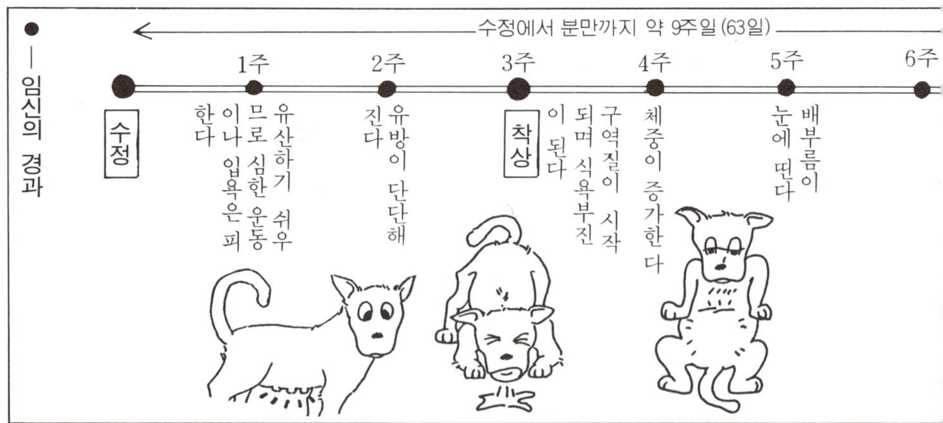

산실은 출산 후에 새끼들의 집도 되므로 통풍이 잘되며 서늘하고 어두운 장소로 타인이 출입하지 않는 곳를 골라 어디까지나 안정에 유념하도록 한다.

산실은 평소 살고 있는 것이 큰 개집이면 여기를 깨끗이 청소하고(소독 약품이 아닌 열탕 소독 등으로) 볏짚 위에 두꺼운 헝겊이나 헌 담요 등을 깔아 준다. 이때 출산 후에 바꿔 넣어 줄 볏짚도 준비해 두면 좋다.

장모종의 경우에는 예정일 보다 5일 정도 앞서 유방 주위의 몸털을 말끔히 깎아주어 새끼가 빨기 쉽도록 해 둔다.

드디어 출산 직전이 되면 어미개는 앞발로 볏짚(깔개)을 마구 긁거나 불안한 듯이 안정을 잃는데 걱정할 필요는 없다. 그러는 동안 먹이에 전혀 입을 대지 않게 된다. 그렇게 되면 그 후 반나절이나 하루 후에 분만한다고 생각하면 된다.

출산시에 준비해 둘 것은 다음과 같다. ① 헝겊 조각 또는 탈지면, 신문지, 비닐 봉지 ② 가위 ④ 미지근한 물 ⑤ 소독용 알콜 등.

새끼는 4~5마리에서 많이는 7~8마리가 태어나는 것이 보통이나, 23마리나 출산한 예도 있다.

소형견은 수가 적으나 대형견은 많은 새끼를 낳는 경향이 있다.

출산 전후에는 개가 가장 따르는 사람 이외는 되도록 가까이 접근하지 않도록 하여 어미를 흥분시키지 않도록 충분한 배려를 한다.

사육사가 개의 분만을 경험한 일이 없다고 해서 남이나 수의사에게 맡기는 것은 좋지 않다.

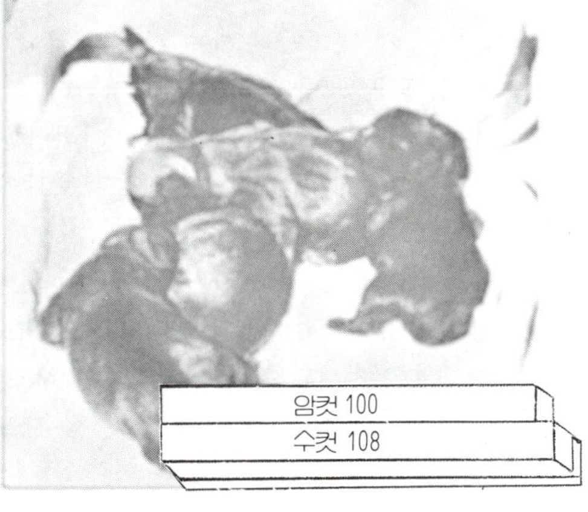

수컷 암컷의 출산 비율

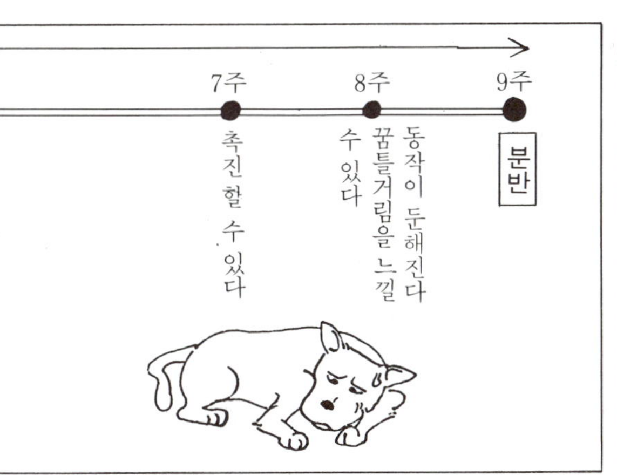

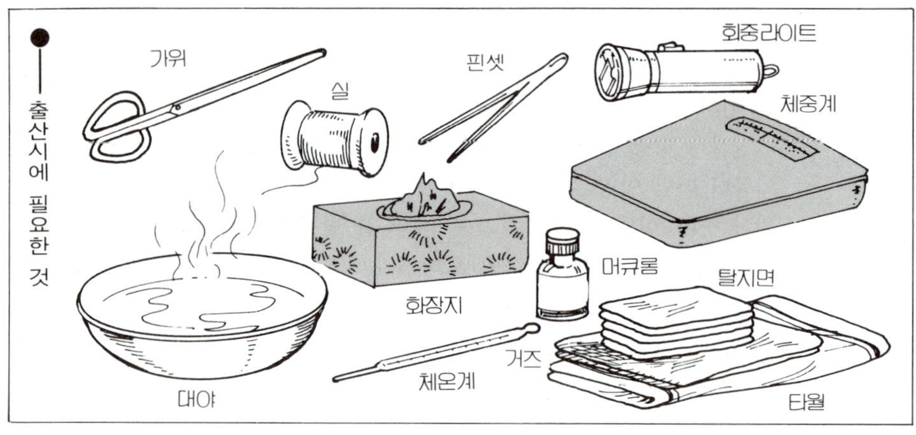

분만은 예비 진통에 이어 자궁구가 벌어지고 태수(胎水)를 내보내 산도 (産道)를 매끄럽게 한다. 이어 한층 강한 분만 진통에 의해 새끼가 나오 며 최후에 진통에 의해 태막(胎膜)이나 태반(胎盤)이 배출된다.

새끼가 태어나면 어미개는 능숙하게 뒷처리하므로 되도록 어미개에게 모든 것을 맡겨 두고 사람은 손을 댈 필요가 없다. 어미개의 힘이 부족할 때만 조금 거드는 정도로 한다.

분만은 간혹 2~3일이나 걸리는 수도 있으나 대체로 태동을 시작하고 나서 5분이나 1시간이면 태어나게 된다. 새끼는 찐득찐득한 주머니(胎膜) 를 쓰고 나오므로 어미개는 본능적으로 그 주머니를 물어뜯어 먹고, 귀여 운 새끼의 전신을 핥아 준다. 그리고 모체와 연결된 탯줄을 새끼의 몸에 서 물어 뜯어 자른다.

갓 태어난 새끼는 전신이 젖어 있으나 어미개가 혀로 정성껏 핥는 동안 에 곧 꼬물꼬물 기기 시작한다.

그런데 만약 어미개가 태어난 새끼의 주머니를 찢어 주지 않으면 새끼 는 질식사하므로 어미개가 보지 않게 알콜로 소독한 가위로 주머니를 찢 고 탯줄도 잘라 준다.

탯줄은 밑둥에서 약 2~3㎝ 떨어진 곳을 자르면 그 후에는 어미개가 핥 아 피가 멈추게 되는데 피가 멈추지 않으면 소독한 비단실로 꼭 동여맨다.

어미개의 대개는 출산 후 태반을 먹어치운다. 이것은 태반에 호르몬이 많이 함유되어 있어 젖이 잘 나오게 하는 작용이 있다고 한다. 보통 5~ 6마리의 새끼가 태어나는데 3~4시간 걸리며 시간이 지체될수록 태어나는

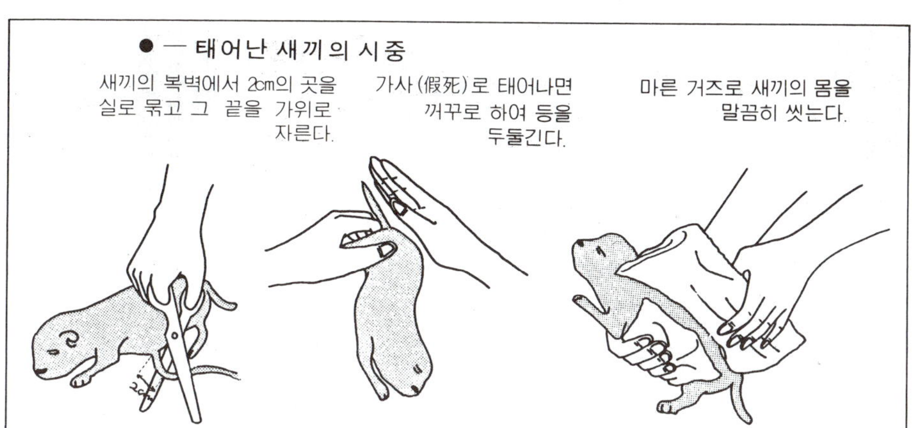

간격이 길어진다.

이때는 걱정하지 말고 가까이에서 지나친 시중을 들거나 깔개나 짚을 너무 빨리 바꿔주지 않도록 한다.

개는 안산(安産)의 대표라 일컫듯이 대체로 사람의 시중을 필요로 하지 않고 분만을 끝내는 것이다. 그러나 아주 소형화된 애완견의 경우에는 난산이나 사산이 많으므로 경험이 별로 없는 동안은 수의사에게 맡기는 편이 안전할 것이다.

분만을 끝내면 어미개는 대체로 한번 밖으로 나가 대소변을 하게 되는 것이다. 산후에는 우유나 달걀을 주며 그 날의 먹이는 단단한 것은 피하며 수프나 잡탕죽과 같은 소화가 잘 되는 것을 주도록 한다.

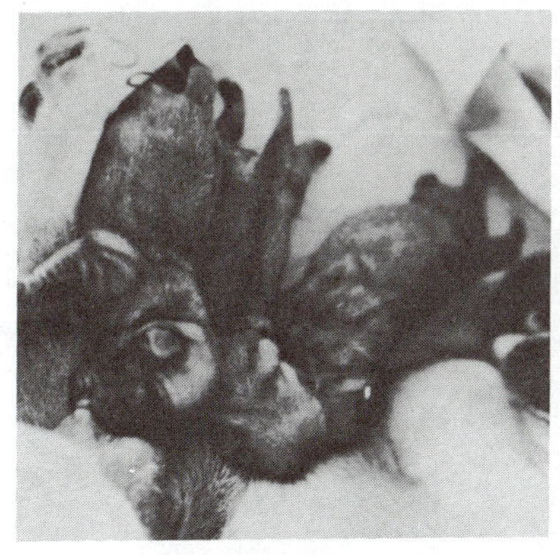

아직 눈을 뜨지 못한 새끼

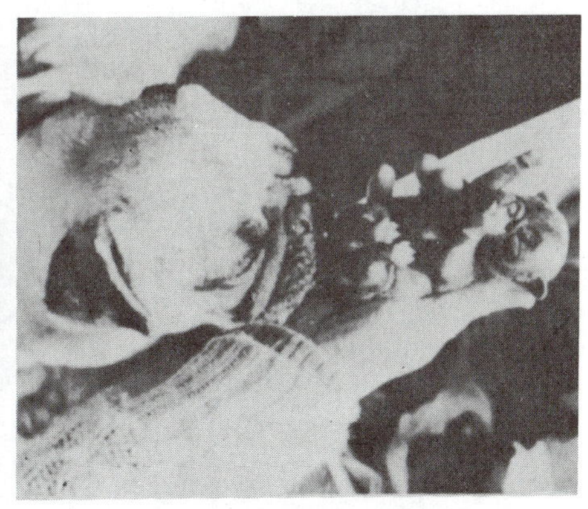

어미개에게 새끼의 오줌을 핥도록 가르친다

(6) 강아지의 젖먹임

■젖은 공평하게 먹도록 보살핀다

새끼는 태어나면 곧 어미개의 유방에 매달리므로 생후 3주일간 까지는 어미 옆에 놔 두기만 해도 괜찮다. 여름, 겨울의 출산일 때는 통풍이나 보

온에 주의 해야 한다.

　새끼는 모유를 먹으며 쑥쑥 자란다. 약한 것이 있으면 젖을 공평하게 먹을 수 있도록 도와 준다. 생후 3주일까지는 일단 약해지면 회복에 손쓸 수가 없게 되므로 배려해야 된다.

　어미개는 몇 일 동안은 새끼의 곁을 전혀 떨어지지 않고 보살핀다. 생후 10~12일 정도에 눈이 보이기 시작하여 3주일이 끝날 무렵이면 새끼들끼리 어울려 놀게 된다. 이 동안에 한번 강아지에게 구충을 해주는데, 발육에 큰 방해가 되는 회충을 제거하기 위해서이다.

▲ 젖을 빨리고 있는 그레이트 댄의 어미개

새끼와 어울려 노는 어미개

어미개는 출산 후 1주얼 정도는 새끼를 걱정한 나머지 산실 밖으로 나
가려 하지 않는다. 산실에서의 출입은 자유스럽게 맡겨 두며, 다소 거니는
정도로 해도 괜찮다.
　어미개는 한 마리로 5~6마리나 되는 새끼의 젖을 먹이므로 영양에 세
심한 주의를 기울여야 한다. 소화불량인 것은 피하며 평소보다 훨씬 다량

의 영양식을 주도록 한다.

그리고 에어대일 테리어, 도베르만 핀세르, 저먼 포인터 등 꼬리를 자를 필요가 있는 품종은 태어난 후 1주일쯤에 끝내도록 한다. 이것은 초보자는 무리이며 수의사에게 의뢰한다.

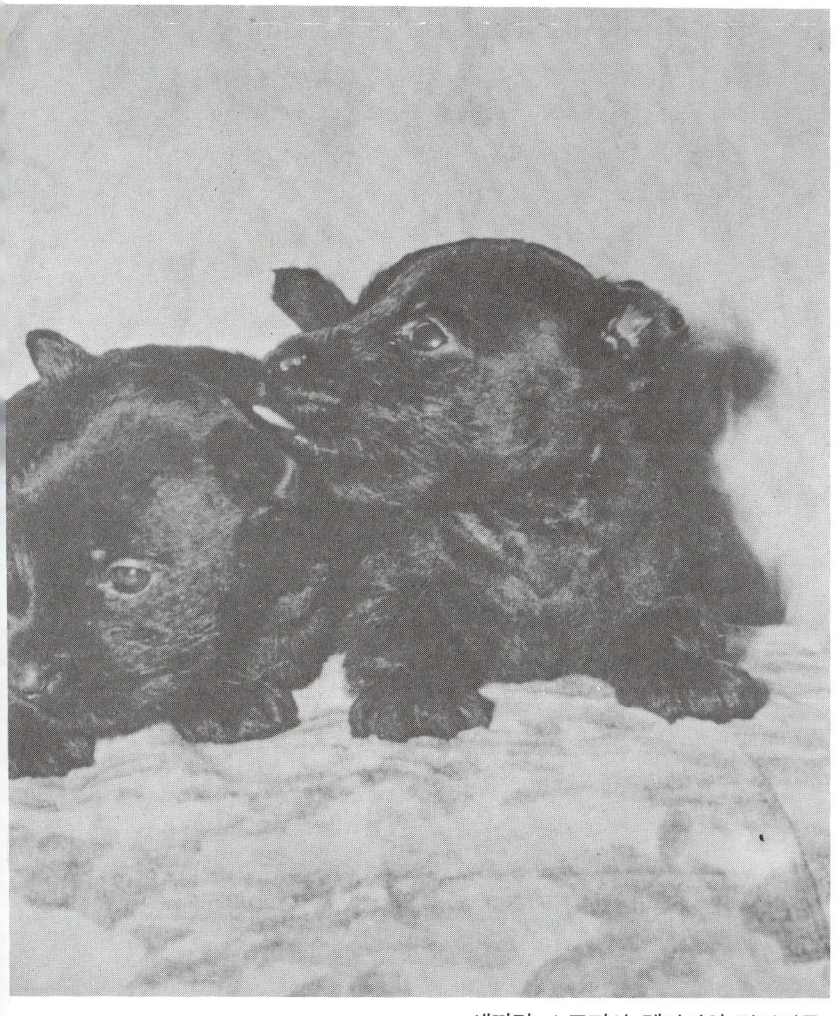

새까만 스코티시 테리어의 강아지들

(7) 새끼 키우는 법

■ 이유기 때 영양을 충분히 보급한다

　이렇게 새끼가 튼튼히 자라가면 모유가 부족하게 되는 수가 있는데 그 때는 인공 포유(哺乳)를 해 주어야 한다. 아주 작을 동안에는 포유병을 사용하나 3주일쯤 되면 수프접시와 같은 얕은 접시에 우유나 수프, 미음 등을 섞어서 준다. 우유만으로는 농도가 부족하므로 분유 등을 섞어 주면 좋을 것이다. 사람의 체온 정도로 한마리씩 따로 준다.

　생후 3~4주일만 되면 젖니가 삐죽삐죽 돋기 시작한다. 이쯤되면 이유기이다. 모유는 출산 후 1개월 반 정도에서 거의 나오지 않게 되므로 그 때까지는 보통의 식사를 할 수 있게 서서히 길들여 간다.

　우선 미음을 차츰 죽으로 바꾸어 간다. 접시에 먹이를 주는 데는 처음에 새끼의 입을 접시 안에 넣어 주면 입 주위에 묻은 먹이를 핥는 동안에 맛을 알게 되어 곧 자기 혼자 먹게 된다.

　다음에 시일이 지남에 따라 죽에다 멸치 가루나 삶은 생선의 살, 계란의 노른자위를 으깬 것, 식빵 등을 첨가해 간다. 간은 싱겁게 소금간이 좋으며 된장에 의한 간맞춤도 좋아한다. 이때 칼슘제(劑), 버터 등을 먹이에 첨가해 주면 발육이 촉진된다. 기계로 저민 쇠고기도 처음에는 소량(1일 20ｇ 정도)에서 차츰 양을 많이 준다.

　이렇게 하여 차츰 자라면 6주일쯤에는 보통의 식사를 할 수 있게 되어 이때가 젖떼기의 적기이다.

　젖떼기는 갑자기 하면 안 된다. 생후 4주일쯤부터 조금씩 어미개로 부터 떼내어　그 시간을 늘여가도록 한다. 처음에는 낮에만 어미개와 따로 하여 양지바른 곳에서 자유롭게 놀게 하고 젖 먹을 때만 함께 있게 하며 밤에는 어미개와 함께 자게 한다.

　이렇게 6주일 정도에서 어미개로 부터 완전히 떨어지게 하면 된다. 어미개와 떨어진 이후에는 왕성한 생육기이므로 영양이나 운동에 충분한 배려로 기운차게 기르도록 한다.

제 9 장　애견　콘테스트

포메라니언

⑴ 개 경연 대회

■ 대회에 참가하기 위해서는 우수한 개를 많이 보아 둔다

　손수 돌보아 기른 애견이 화려한 무대에서 표창될 때의 그 형언할 수 없는 만족감은 애견가가 아니면 모르는 자랑스러움이다. 애견 역시 뽐내며 자신에 넘친 듯이 보인다.

　이 개의 전람회는 각 품종별로 정해져 있는 기준에 따라 외형미, 품성,

주인과 함께 무대를 당당히 걸어가는 앙징스러움

동작, 매너 등을 심사하여 그 개에 대한 종합적인 평가를 결정하는 것으로 개의 품종 개량, 향상에 있어 이처럼 좋은 기회는 없을 것이다.

심사에는 개에 대해서 깊은 지식과 경험을 갖는 전문가가 담당하게 되므로 기르는 사람으로선 알 수 없는 개관적인 평가를 받게 된다. 또한 이런 모임에서는 많은 애견가나 번식하는 사람과 사귀게 되며 여러 가지 귀중한 정보도 교환할 기회가 되며 개에 대한 이해와 인식을 높이는 데는 아주 좋다.

더구나 자신의 개를 보다 훌륭한 것으로 만들기 위해서는 무엇 보다도 이러한 개 경연 대회에서 참피언이라 불리우는 우수한 개를 많이 보아 두는 것이 좋다.

세계에서 개 경연 대회가 처음 개최된 것은 18세기 중엽에 영국에서 였다. 미국에서는 19세기 중엽이 지나서야 시작되었고 이웃 일본에서는 근 80년 전에 개최됐다. 그런 의미에서 개에 관해서 우리 나라는 아직 후진국이라 말하지 않을 수 없다.

■ 대회에 참가할 수 있는 자격

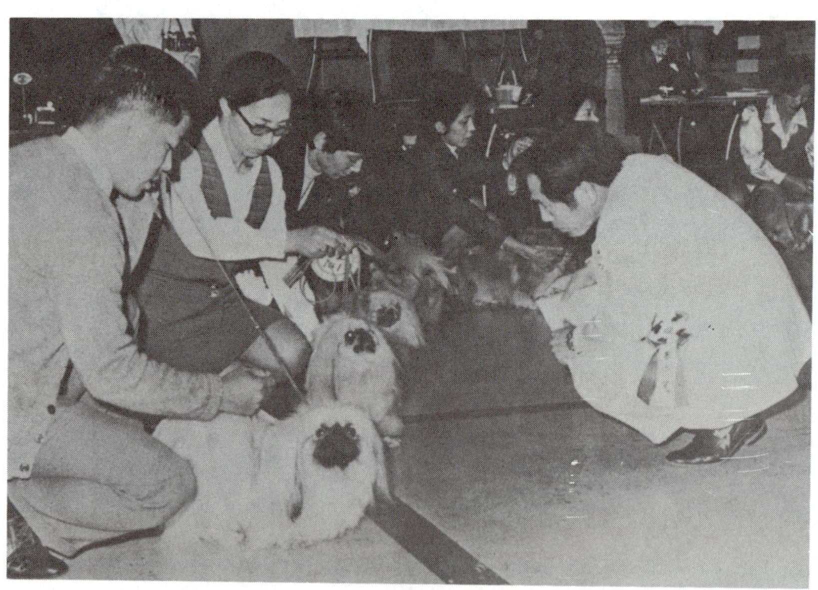

좋은 혈통의 개들이 재롱을 떨며 경쟁한다(심사풍경)

첫째 그 품종이 순수견이어야 한다. 순수견이며 혈통서를 갖고 있을 정도의 개라면 각종 단체에 소속될 수 있으므로 그 단체가 주체하는 전람회에 출전할 수가 있다.

또 그 품종의 단체 이외에는 예컨대 에어대일 테리어하면 한국 에어대일 테리어협회 외에 한국 경찰견협회에 문의한다.

또한 품종에 대해서도 여러 단체가 있으므로 그 사무소에 문의하면 된다.

그리고 다음과 같은 개는 아무리 우수한 개라도 경연 대회에 참가할 수 없다. 암컷으로 발정 중인 것, 병견, 성질이 사나운 개로 물어뜯거나 마구 짖는 개는 제외된다.

■ 매너의 훈련

경기 매너는 매우 중요하다. 처음 출전하는 개는 물론 경험이 풍부한 개라도 익숙하지 않은 경기장에 많이 모이는 사람이나 개들을 보고 어리둥절하여 흥분하거나 위축되기 쉬운 것이다. 그래서는 실력을 완전히 발휘할 수 없으므로 예상 외로 성적이 좋지 않게 되므로 경기에서의 훈련은 아주 어릴 때부터 길들여야 한다.

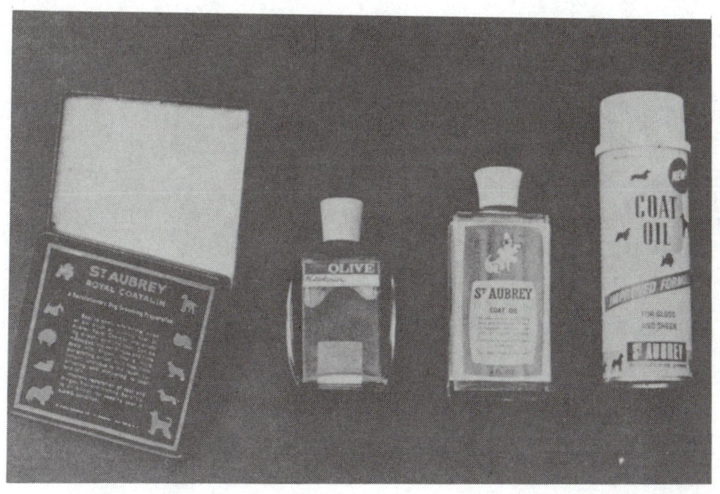

애견용 오일

경기 매너의 훈련은 생후 3개월쯤부터 시작하는 것이 적당하다.

우선 강아지가 주인이 부르는 소리에 꼬리를 흔들며 반응할 줄 알게 되면 높이 1m 정도의 개가 충분히 자리잡을 수 있는 공간의 대(臺 : 땅보다 높게 하여 사방을 바라볼 수 있게 만든 것)를 준비하여 매일 그 위에 1회씩 올려 놓아 길들인다. 처음에는 무서워하지만 몇 번쯤 대에 올려 놓고 쓰다듬어 주는 동안 태연하게 설 수 있게 된다.

다음에 좋은 자세를 취하고 기립할 수 있도록 가르친다. 한번에 하지 말고 느긋하게 서 있도록 한 후에 몸통이나 다리를 바로 잡아 주며 점차 좋은 자세를 유지하도록 길들여 간다. 입을 벌리거나 하지 않게 하며 얌전한 몸가짐을 갖도록 길들인다. 포즈를 취하고 서서, 경기의 구령에 바로 직립 부동 자세를 취할 수 있도록 훈련시켜야 한다.

경기 매너는 평소의 훈련이 증명한다

여기까지 진전되면 그 후에는 심사대에 올라서기만 해도 자랑스러운 포
즈를 취하게 될 것이다.
　이러한 매너의 훈련이 끝나면 되도록 낯선 많은 사람과 접촉시켜 사람
을 무서워하지 않도록 하는 것도 중요하다.

■ 출전 전의 손질과 출전

　개 경연 대회에 출전할 때는 가장 컨디션이 좋도록 해야 하므로 트리밍
(trimming : 손질)이 필요한 개는 머리 대회의 기일을 알면 2~3개월 전
부터 트리밍을 해 주는 것이 좋다. 속성의 트리밍은 완전한 마무림이 되
지 않는다. 몸털은 개를 아름답게 보이게 하는 중요한 것이므로 어떠한
품종의 개라도 매일의 손질을 게을리 하면 안 된다.
　물론 건강에는 충분히 주의하여 운동도 적당히 시키며 너무 살찌지 않

세트하는 모습

고 적당한 근육을 유지시키며 만일을 위해 1개월 전쯤 구충도 끝내도록
한다.

경기장에서는 다른 많은 개를 보고 흥분하기 쉬운 것이므로 다른 개와
의 사귐도 가르쳐 주면 좋을 것이다. 출전할 때는 그동안 낯익온 사람이
데리고 나가는 것이 첫째 조건이다. 낯익은 사람의 마음은 개에게 바로
통한다.

경기장에서는 왼쪽에 개를 이끌어 언제나 심사위원이 자유롭게 심사할
수 있도록 유념한다. 개 곁에 따르는 사람은 너무 화사한 복장을 하고 있
으면 오히려 개가 곁들인 존재가 되어 버리므로 수수한 몸차림으로 눈에
띄는 것을 부착하지 않도록 조심할 필요도 있다.

(2) 애완견의 손질

세인트 버나드견의 심사광경

애완견은 사람과 함께 생활하고 있으므로 손질을 잘 해 주어야 한다. 특히 털이 긴 품종은 털의 손질을 잘 해 주어야 하며 경기 대회 출전 전에는 반드시 해야 한다. 장모종 중에서도 몸털이 아름다운 요크셔 테리어를 예를 들어 설명하겠다.

세트(set : 털모양 다듬기) 된 것을 하나씩 푼다. 먼저 몸통의 부분부터 꼬리, 목, 얼굴의 순으로 한다.

약간 단단한 브러시로 털 엉킴을 잘 풀어 준다. 다음에 고운 빗으로 털결을 따라 빗질을 하여 길을 들인다.

더운 물에 넣을 때는 개의 몸체가 물에 잘 잠기게 하여 세제를 몸에 뿌리고 세발용 브러시(나일론이 아닌 것)로 피부까지 잘 씻는다. 머리 부위에서 얼굴, 코까지 되도록 잘 씻기고 발과 성기의 주위, 항문을 씻긴 후 세제가 남아있지 않도록 여러번 더운 물로 잘 헹군다.

씻긴 후에는 린스로 털결을 가지런히 하여 물기를 빼고 타월로 싸서 완전히 물기를 제거한다.

드라이어를 손에 쥐고 개로부터 조금 떼어 털뿐아니라 피부까지 고루 건조시킨다.

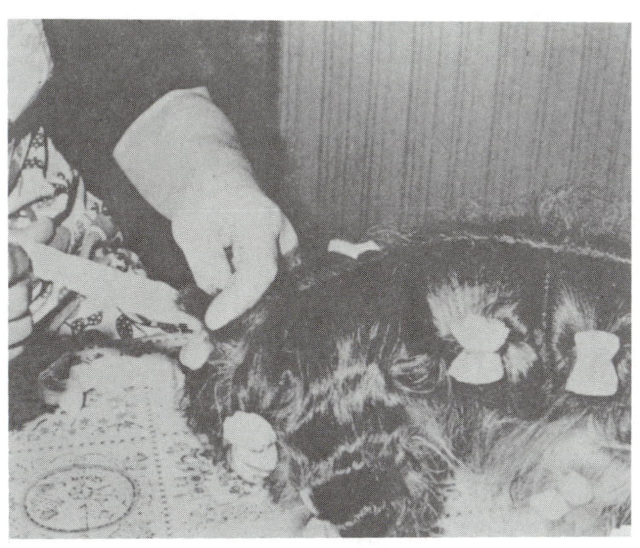

세트하는 모습

완전히 마른 후 소량의 올리브유를 털에 바른다.

이때 너무 많이 바르면 먼지가 끼게 되어 더러워지므로 소량을 물에 다 묽게 하여 사용하도록 한다.

귀는 면봉에 달지면을 감아, 한번 물에 적셔 꼭 짠 후 물기나 더러움을 제거한다.

발톱도 깎아 준다.

입 주위에서 얼굴에 걸쳐서는 단단한 칫솔로 잘 다듬어 준다.

■ 세트의 방법

우선 세트페이퍼, 고무밴드, 브러시, 빗 등을 준비한다.

페이퍼로 머리 부위의 털을 한데 모아 감아 3㎝ 정도의 길이로 접어서 고무밴드로 감는다.

이어서 얼굴, 턱 등을 차례로 매만지고 꼬리가 끝나면 발의 긴 털을 처리한 뒤 끝으로 쓸데 없는 털을 잘라버리고 발에 양말을 신기면 끈난다.

양말은 풀기가 없는 무명이나 면 셔츠의 헌 것으로 2㎝ 폭의 통 모양의 것을 만들어 발에 신기고 적당히 잘라 고무밴드로 고정시키면 된다.

세트는 매일 또는 격일마다 반드시 바꿔 주어 브러시로 손질해 준다. 양말도 더러워지면 바꿔 신긴다.

세트된 모습

제10장 여러 가지 개

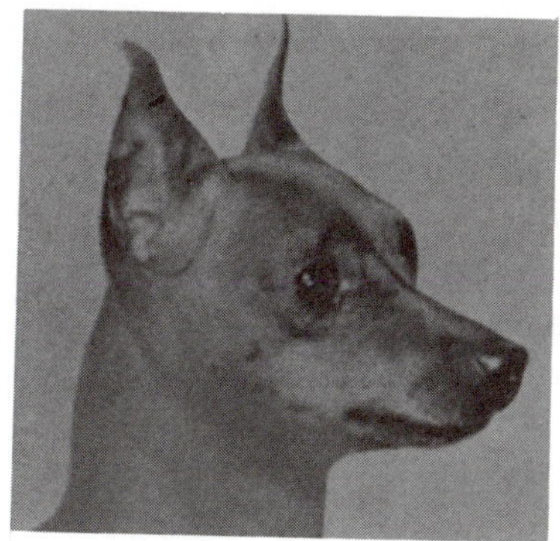

미니어처 핀세르

앞에서 언급했듯이 개만큼 많은 가축은 없다. 세계적으로 공인된 견종만해도 100종이 넘으며 여기에 세계 각지의 타이프가 고정된 지방견을 합하면 전부 200여종이나 된다고 한다.

때문에 그 전부를 소개 하기란 불가능하며 우리나라에는 아직 소개되지 않은 견종도 있으므로 여기서는 「인기있는 유행견 10종」에서 소개한 것을 제외하고 그 밖에 중요한 것을 소개하기로 한다. 변화가 풍부한 개의 세계를 어느 정도 알 수 있게 되리라 생각된다.

〈소형 애완견〉
빠삐용(Papillon)

〈원산 : 프랑스〉

원종은 벨기에산의 소형 스파니엘의 일종일 것이라 하며, 프랑스에서 개량되어 16세기부터 소형 스파니엘로서 보급되었다. 그리고 영국에 건너가서 빠삐용이란 이름으로 인기를 얻은 것이다.

개 이름인 빠삐용은 프랑스어로 나비란 뜻인데 이 개의 귀가 나비의 날개와 같은 모양이어서 명명된 것이다. 영국에서는 버터플라이 개라 불리우고 있다.

빠삐용

아름다운 비단실 모양의 긴 털을 갖고 있는 소형견으로 곧게 선 큰 귀가 특징이며 꼬리에는 장식 털이 있으며 다람쥐와 같이 등에 얹고 있다. 눈은 둥글고 약간 크며 색은 암색, 그 표정은 총명한 듯한 밝은 것을 느끼게 하며 경쾌하게 걷는다.

스파니엘의 피를 이어받고 있으므로 활동적이며 대담한 개인데 가정견으로도 좋은 자질을 갖추고 있다.

주인에게 잘 따르며 길러보면 아주 귀여운 개이다.

이 개는 장모종이기 때문에 매일 브러싱(brashing)이 필요하다. 부인들의 액세서리로서 좋아하는 개이다.

◇ 성격　유순하며 잘 따르는데 쾌활하며 대담한 면도 아울러 갖추고 있다.

◇ 외형　**몸높이**　암·수 다함께 30㎝전후.

　　　　체중　암·수 다함께 4㎏전후.

　　　　털색　흰 바탕에 흑 또는 빨간 얼룩 점.

(소형 애완견)
퍼그(Pug) ──────────────────────────────

〈원산 : 중국〉

퍼그

찡(Chin)과 불독을 교배한 것과 같은 개로 페키니스와 같은 일종이라 일컬어지는데 현재는 상당히 달라진 개로 되어 있다. 이 개는 중국의 오래된 애완견으로 17세기 인도에 있던 영국인 경영의 「동인도회사」의 알선으로 네덜란드를 거쳐 전 유럽에 소개되었으며 특히 영국의 국왕 윌리엄 3세의 총애를 받기 시작하자 귀족 계급 사이에 인기견이 된 것이다.

개 이름인 퍼그는 라틴어로 도끼 모양이란 의미로, 이 개는 짓밟힌 듯한 머리 부위의 모양이 도끼와 비슷하다 하여 명명되었다고 한다.

뭐니뭐니해도 퍼그의 특징은 그 머리 부위로 주둥이가 매우 줄어들어 짧아, 마치 짓밟힌 듯한 모양을 하고 있다. 둥근 눈은 크게 돌출하고 표정은 무언가 원망하는 듯이 보인다.

그러나 매우 영리한 개로 성질도 상냥하며 어린이들의 놀이 상대도 된다. 소형 애완견으로서 약간 대형에 속하나 털은 짧고 윤기가 흐르며 훌륭한 자질을 갖추고 있으므로 실내에서 길러도 무방한 개이다.

◇ 성격　유순하며 영리하고 침착한 개이다.

◇ 외형　체중　암·수 다함께 6~8kg.

　　　　털색　갈색, 황갈색 등이며 후두 부위에서 꼬리까지　흑선이 들어가 있다. 기타 흑 일색의 것도 있다.

퍼그

아이리시 세터(Irish setter)

〈원산 : 영국(아일랜드)〉

　아일랜드 원산의 오래된 견종으로 아이리시 세터 스파니엘과 테리어를 교배한 것이 원종으로, 여기에 다시 잉글리시 포인터, 고르돈 세터의 피가 섞였다고 한다. 그 털색에서 예전에는 러드세터라고도 불리워지기도 했다.

　온몸이 불그스름한 금빛 밤색에 빛나며 아름다운 몸털에 덮여 있고, 드리워진 귀로, 쭉 뻗은 꼬리와 균형 잡힌 아름다운 자태를 지니고 있다. 그 우아하고 아름다운 스타일과 화려한 털색 때문에 부인들의 애완견으로서도 인기를 끌고 있는 개이다. 또한 조렵견(鳥獵犬)으로서도 정평이 나 있어 매우 매력이 넘치는 견종이라 말할 수 있다.

◇ 성격　　활기에 넘치며 예리하고 사나운 기성이 있어 사냥개 본능이 강한 견종이다. 반면 가정견으로서는 유순하며 잘 따른다.

◇ 외형　　몸높이　수컷 60~65cm, 암컷 55~60cm.
　　　　　　털색　전신이 짙은 적갈색(금빛, 밤색, 적갈색)

아이리시 세터

잉글리시 세터(English setter) ——————

〈원산 : 영국〉

선조는 스페인의 개, 스파니엘에서 나온 것이라 생각되고 있다. 오래된 기록에서는 영국으로 건너가 노저바런드의 더드레이 공작에 의해 개량되어 프레스톤 스파니엘의 피가 섞여졌다고 한다. 세터란 사냥감을 발견했을 때 엎드려 자세로 사냥감을 몰아 세우고 수렵자의 다음 명령을 기다리는 개 즉 사냥감을 가리킨다는 뜻이다.

이 개는 온몸이 비단 모양의 털로 덮여 있으며 드리워진 귀에 쭉 뻗은 꼬리를 갖고 있다. 동작은 매우 아름다우며 사냥개로서는 세계적인 명성을 떨치고 있을 뿐아니라, 가정견으로서도 특히 뛰어난 개에 속한다.

사냥개로서는 꿩, 오리, 산새 등 어떤 사냥에도 걸맞는 능숙한 견종이다. 성격은 친숙해지기 쉬우며 신경질적으로 짖어대는 일도 없으므로 가정견으로서도 훌륭한 자질을 지니고 있다. 세터에는 이 밖에 아이리시 세터, 고르돈 세터 등이 있다.

◇ 성격　　유순하며 냉정, 침착, 예리한 수렵 감각을 지니고 있다.
◇ 외형　　**몸높이**　수컷 60∼65㎝, 암컷 58∼63㎝.
　　　　　　털색　흰 바탕에 흑 또는 다색(레몬색, 오렌지색, 다갈색 등에 작은 얼룩점이 산재해 있다.

잉글리시 세터

(조렵견)
잉글리시 포인터(English Pointer)

〈원산 : 영국〉

　원종은 스페인 또는 포루투칼의 지방견으로 1650년경 영국으로 건너가 그레이 하운드, 폭스 하운드, 블러드 하운드 등과 개량을 위해 교배되었다고 한다. 사냥감을 발견하면 지시하는 데에서 견종명이 지어졌다.

　품위가 뛰어난 단모(短毛)의 날씬한 사냥개로 몸 전체의 밸런스가 잘 잡혀져 있으며, 목은 산뜻하게 길게 뻗어 있다. 드리워진 귀, 끝이 가는 꼬리, 아름 답고 가지런한 다리를 갖고 있어 과연 세련된 개라는 인상을 준다.

　세터와 함께 대표적인 조렵견으로 사냥개로서 탁월한 능력을 갖고 있으나 성질은 아주 유순하므로 전세계적인 가정견으로도 애호를 받고 있다.

　모질(毛質)은 짧고 부드러운데 손에 느끼는 감촉은 단단한 느낌이다. 신속하여 지구력도 풍부해 걸음걸이도 경쾌하다.

◇ 성격　　감각이 예민하며 온순, 명랑하고 이상적으로 탁월한 수렵 본능의 기질을 갖추고 있다.

◇ 외형　　몸높이　수컷은 60cm이상 65cm. 암컷은 이보다 약간 소형.
　　　　　　털색　흰색 바탕에 흑 또는 흑갈색, 갈색의 얼룩점이 있다.

잉글리시 포인터

보스톤 테리어(Boston Terrier)

〈원산 : 미국〉

보스톤 테리어는 미국의 대표적인 견종으로 보스톤시 부근에서 발견된 것이므로 이 명칭이 붙었다. 1880년대에 불독과 불 테리어의 피를 섞어 만들어졌다.

아주 세련된 개로 매끈한 몸털과 짧은 머리, 탄탄한 몸매를 갖추고 있다. 가지런한 모양의 곧게 선 귀, 짧은 꼬리, 검은 바탕(또는 얼룩 무늬 털)에 흰 얼룩점이 균형이 잘 잡힌 근대적이고 아름다운 개이다. 일반적으로 대형인 것은 집 지키는 개로, 소형의 것은 애완견으로 기르고 있는데 집 지키는 개로 적격이다.

모질은 매끈하며 짧고 광택이 있다. 애호자가 늘어나 인기도 높아지고 있으므로 이후 유행할 견종의 하나로 생각된다.

◇ 성격　　영리하며 쾌활한 기질이며 애정이 가고 매우 아기자기한 활동적인 개이다.

◇ 외형　　체중에 따라 다음 세 가지로 분류된다. 경량급 6.75kg 이하, 중량급 6.75kg 이상 9kg 이하, 중량급 9kg 이상 11kg 이하.

　　　　　털색　얼룩 무늬에 흰 얼룩점이 이상적이며 검은 털에 흰 얼룩점이 있는 것도 좋다.

보스톤 테리어

(비엽견)
불독(Buldog)

〈원산 : 영국〉

11세기 중엽 존 왕조시대에 워렌 백작이 황소(bull)와 개가 싸우는 경기에 이 개를 출전시키면서부터 투견으로 개량된 견종이다.

말뚝에 매어 있는 소를 화나게 한 후 몇 마리의 개를 부추켜서 덤벼들게 하는데 이때 맨 먼저 소의 코를 물고 늘어져 소가 쓰러질 때까지 싸운 개주인에게는 막대한 상금이 주어졌다.

불독의 체형은 바로 그와 같은 싸움에 적합하다. 그 독특한 얼굴에 커다란 입과 아랫턱이 돌출되어 있고, 코가 납작하여 소의 코를 단단히 물 수 있으며 중심이 낮은 O형의 다리는 소가 힘껏 머리를 흔들어도 쉽게 떨어지지 않게 하기 위한 것이었다.

1815년 투견이 법률로 금지된 후 한때는 멸종의 위기에 처했으나 그 후 애호가에 의해 사나운 성질이 조금씩 제거되어 온순하고 친근한 집 지키는 개로 개량된 것이다. 현재도 그 인상이 사납고 무서운 듯한 생김새이지만 의외로 상냥하며 주인에게 충실하다. 아이들이 아무리 장난을 해도 성내지 않고 의젓하므로 좋은 놀이 상대도 된다.

영국의 국견이라 일컬을 정도의 명견이다.

◇성격   공포감을 주는 얼굴 생김과는 달리 유순하며 그다지 짖지도 않는 개이나 용감하고 독특한 품위가 있다.

불독

◇외형   체중 수컷 25kg, 암컷 22.5kg 전후.
          털색 여러 가지가 있으며 붉은 갈색, 담황색 등의 일색, 담황
          갈색 털, 흑백의 얼룩점 등

불독

(비엽견)

초우초우(Chow chow) ─────────────────

〈원산 : 중국〉

　중국의 토종견으로 그 기원은 티벳의 올드 마스티프와 사모예드를 교잡한 것이라 한다. 옛날에는 식용에도 쓰였다는 불쌍한 역사가 있는 개로 혀의 색깔은 흑색 내지 보라색을 지닌 진귀한 견종이다. 초우초우라는 견종명의 의미는 밝혀져 있지 않으나 영국에 건너가서 명명된 것이라고 한다.

　풍부하게 밀생한 긴 털에 덮여 있고 완강한 몸집에는 근육이 잘 발달되어 있다. 몸통은 짧고 어깨까지의 높이를 한 변으로 하는 정방형의 균형이다. 머리 부위는 개의 크기에 비해 크며 폭이 넓고 납작하며 주둥이는 짧다. 쫑긋한 귀, 바짝 말아올린 꼬리의 중형견이다.

초우초우

식용에 제공된 외에 썰매를 끌거나 여러 가지 사역에 쓰여졌는데 현재는 집 지키는 개나 애완견으로 사육되고 있다. 광동(廣東) 부근이 태어난 고향이다.

매우 기르기 쉬우며 튼튼하므로 가정견에 적합한 소질을 갖추고 있는 개이다.

◇ 성격　경계심이 매우 강하며 영리하고 충실하여 집 지키는 개로서 유능하다.

◇ 외형　**몸높이**　암·수컷 함께 50∼60㎝.
　　　　　털색　흑색, 갈색, 청색, 금색 등이 있으며 한가지 색의 털.

〔비엽견〕

달마티언(Dalmatian) ────────────

〈원산: 유고슬라비아〉

선조는 확실히 밝혀져 있지 않다. 수세기 전부터 집시에 의해 유럽 각지에 분포된 개로 유고슬라비아의 다르메시어 지방에 토착한 개의 자손으로 포인터와 그레이트 댄 등의 피가 섞여졌다고 한다.

이태리에서는 토끼 사냥 등에 쓰여졌던 사냥개로 그 후 영국에 건너가 승마나 마차를 따라다니는 개로서 주인을 모시고 따라다니며 짐을 지키거

달마티언

나 마구간을 지키거나 했다. 현재는 집 지키는 개, 애완견으로서 중요시
되고 있다.

튼튼하며 근육이 잘 발달된 개이며 활발하며 균형이 잘 잡혀 날씬한 몸
매를 갖고 있다. 스피드와 내구력도 풍부하며 목양견이나 군용견 등으로
도 이용되고 있다.

이 개의 새끼는 생후 얼마 동안은 순백색이며 2~3주일이 지나면 차츰
얼룩점이 나타나기 시작하여 성장함에 따라 얼룩점의 색깔이 진해진다.

얼룩점은 마치 바둑 알을 뿌려 놓은 듯이 분포하며 얼굴, 머리, 귀, 다
리와 꼬리의 얼룩점은 몸통의 얼룩 점보다 작다.

◇ 성격　　유순하며 예민한 감각에 대담하여 겁이 없다. 여러 가지의 일
　　　　　을 유능하게 해낸다.

◇ 외형　　**몸높이** 수컷 55~60㎝, 암컷 48~55㎝.
　　　　　털색 바탕은 희며 검은 얼룩점과 갈색 얼룩점의 2종류 있다.

달마티언

진도개

〈원산 : 전남 진도〉

너무나도 유명한 우리 나라 고유의 토종견이다. 진도개는 영리하고 충직 결백 용맹하며 영특해 주인이 아닌 다른 사람의 유혹에 넘어가지 않고 수렵본능이 강하다. 이런 이유로 1983년 천연기념물 제53호로 지정되었으며 1967년에는 한국진도개보호육성법까지 제정되어 보호를 받아오고 있다. 한때 진도개가 밀반출과 폐사 등으로 수가 줄어들고 난교배(亂交配) 등으로 고유의 품성이 상실 되어오다가 진도 군민들에 의한 보호운동으로 상당한 성과를 거두고 있다.

확실한 유래는 알 수 없으나 석기시대의 후예라고 할 수 있는 개 중에서 나온 동남아계의 중간 형에 속하는 품종으로 황색, 백색의 것이 있다.

머리와 주둥이는 정면에서 볼 때 거의 팔각형이고 귀는 삼각형이다.

귀는 약간 앞으로 숙여져 있으며 눈은 삼각형으로 짙은 갈색이 일반적이고 이는 튼튼하고 치열이 고르게 발달되어 있다. 코는 흑색이며 등은 튼튼하고 직선으로 어깨로부터 약간 경사를 이루며 가슴이 충분히 발달되고 깊다.

다리는 적당한 각도를 유지하면서 견고하고 직선적이며 꼬리는 알맞게 굵고 힘있게 말아 올려져있다.

진도개는 1년에 2회 번식하며 1회에 3~6마리씩 새끼를 낳고 수태 기간은 60~63일 정도이며 출산일로부터 45~51일 경에 젖을 뗀다.

◇ 성격　감각이 지극히 예민하고 용맹스러우며 충직하다.

◇ 외형　몸높이　수컷이 50~55cm, 암컷은 45~55cm.
　　　　　털색　황색과 백색이 있다.

진도개

아끼다견(秋田犬)

〈원산:일본의 秋田지방〉

동북(東北)지방에 있던 고대의 중형 일본견이 투견으로서 점점 대형화된 것이다. 그러나 토사(土佐) 투견에는이기지 못한다. 이 개는 투견으로 발달해 왔으므로 체격이 완강하며 소박하고 충실한 개이다.

순수한 아끼다견을 보존하기 위해 천연기념물로 지정되어 아끼다 지방이나 됴쿄에 아끼다견 보존회도 있다고 한다.

진도개

순수한 종은 귀가 쫑긋하며 꼬리가 말리고 주둥이 끝이 약간 뾰죽하다.
삼중고의 성녀라 불리었던 헬렌 켈러 여사도 아끼다견을 길러 그 충실
한 성격을 사랑했다고 한다.

◇ **성격**　　유순하며 침착성이 있으며 힘이 센 개이다.

◇ **외형**　　**몸높이**　수컷 67cm, 암컷 60.6cm.
　　　　　　털색　흰색, 빨강, 검은색, 갖가지 밝은 색 등이 있다. 털은 거
　　　　　　칠고 빳빳하나 속털은 솜털로 밀생되어 있다.

아끼다견

토사견（土佐犬） ─────────

〈원산:일본의 高地지방〉

　　고찌 지방의 토종으로 불독, 마스티프, 불 테리어, 포인터, 그레이트 댄의 피가 명치시대에 섞여 투쟁력과 내구력이 있는 견종으로 개량되었다. 일본인이 개량한 개로서 세계적인 개의 하나로 자랑하고 있다.

　　외모는 마스티프와 가까운 느낌의 개이다. 위풍당당한 대형견으로 귀는 처지고 몸털은 짧으며 주둥이가 모가 져 있으며 목덜미는 근육이 완강하다. 꼬리는 밑이 굵고 끝이 가늘게 쳐져 있다. 보기에도 탄탄한 느낌이며 힘차게 걷는다.

◇ 성격　　인내력이 풍부하며 침착·대담하여 용기있는 개이다.

◇ 외형　　**몸높이**　수컷 60㎝ 이상, 암컷 54㎝ 이상.

　　　　　　털색　빨강 일색이 이상적이며 붉은 얼룩이 있는 것도 있다.

일본 스피츠 ─────────

〈원산:일본〉

　　원종은 북극지방의 스피츠 족으로 일본으로 건너가 일본 독특한 스피츠로 개량되어 발전되었다. 선조는 독일의 백색 스피츠라고 한다.

　　튼튼하여 기르기 쉬우며 값도 알맞으므로 초보자라도 기를 수 있는 개이다. 소형견 중에서는 큰 편에 속한다.

　　다만 스피츠는 너무 짖어대는 것이 성가시다고 하는데 반대로 생각하면 집 지키는 개로서 훌륭하다는 것을 뜻한다. 확실히 신경질적이라는 점은 부인하지 못하나 낯선 사람에게 유괴될 일도 없다. 신경질적으로 짖어대는 것은 꾸준한 훈련으로 상당히 시정할 수 있다.

◇ 성격　　영리하며 밝고 용감하다. 감각이 예민하여 경계심이 뛰어나다.

◇ 외형　　**몸높이**　수컷은 25㎝ 이상 35㎝ 정도이며 암컷은 이보다 약간 작다.

　　　　　　털색　순백색.

스피츠

스피츠의 어원은 독일어의 스피츠(Spitz)에서 와전된 것으로 뾰죽한 것을 뜻
한다. 山의 뾰죽한 곳 등도 스피츠라 칭하고 있다. 이 개의 귀 끝이 뾰죽하며,
주둥이도 뾰죽한 것 등은 명칭의 유래가 수긍이 간다.

190

저먼 포인터*(German Pointer)*

〈원산 : 독일〉

이 견종도 원래는 잉글리시 포인터와 마찬가지로 선조는 스패니시 포인터라고 하며 17세기경에 독일로 건너가 개량을 위해 잉글리시 포인터나 블러드 하운드의 피가 섞여 조렵 외에 들쥐나 두더지 따위의 작물이나 가금류를 해치는 작은 짐승을 잡는데 쓰여지게 되었다.

몸체는 잉글리시 포인터보다 약간 소형으로 수렵의 실용면에서는 사냥감의 추적 능력, 헤엄치기 등 수륙양용(水陸兩用)의 뛰어난 소질이 정평이 나 있다. 꿩, 뇌조, 오리, 산 도요새 등의 조렵에는 뛰어난 능력을 발휘한다.

생후 얼마 되지 않아 꼬리자르기를 하는 관례가 있다.

◇ 성격   감각이 예민하여 약삭 빠르고 활기에 넘쳐 수렵 본능도 훌륭하다.

◇ 외형   **몸높이** 수컷 58~63cm, 암컷 53~58cm.
　　　　　털색 짙은 갈색 바탕에 흰색 및 회백색의 얼룩점이 있다.

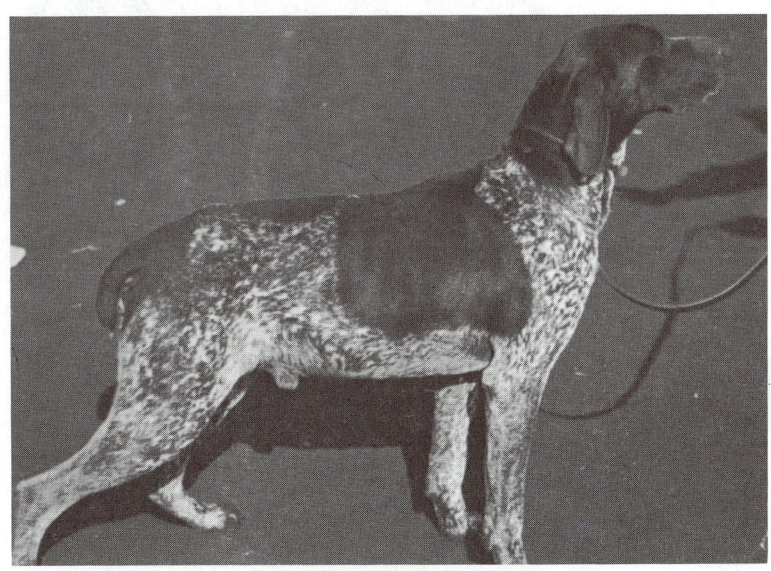

저먼 포인터

바이마라너(*Weimaraner*)

〈원산 : 독일〉

　독일의 바이마르 지방 출신으로 지금부터 130년 전까지는 바이마르 귀족들이 독점적으로 소유하고 있던 문외불출의 개였다. 포인터와 같은 계통의 개이며 사냥감을 운반해 오는 수렵견으로서 저먼 포인터에 블러드하운드의 피를 섞어 만들어진 것이라 되어 있다.

　비교적 새로 공인된 견종으로 우리나라에도 30여년 전에 소개되었는데 아직 그 수는 많지가 않다. 밝은 황색의 눈과 털색의 아름다움이 특징적이며, 미국에서는 회색의 성령(聖靈)이라 불리우고 있다고 한다.　품격과 품위가 풍부하며, 밝은 장래가 약속되는 견종의 하나이다.

◇ **성격**　사냥개로서 활발하며 대담하고, 예민한 기질을 갖고 있는 동시에 주인에게는 잘 따르므로, 반려견으로도 어울린다.

◇ **외형**　몸높이　수컷 62~67㎝, 암컷 57~62㎝.
　　　　　털색　쥐색이나 은회색 계통의 것이 많다.

바이마라너

(조렵견)
아메리칸 콕커 스파니엘(American Cocker Spaniel) ——————

<원산 : 미국>

선조는 스페인의 조렵견으로 영국에 건너가 도요새 사냥개로 쓰여져 잉글리시 콕커 스파니엘이 만들어졌다. 이것이 다시 미국에 전해지고 그 중 크기가 작고 머리가 둥글고 콧마루가 짧은 것을 선호하게 됨으로써 귀여운 느낌의 현대의 콕커가 개량된 것이다. 견종 명칭은 도요새(Wood cock)를 잡는다하여 지어진 이름이다.

몸체는 소형이며 머리는 세련되어 조각과 같은 인상을 준다. 목은 탄탄하며 길고, 귀는 양쪽으로 길게 드리워져 있다. 몸털은 중간 정도의 길이이며, 귀나 머리, 아랫배, 다리의 뒷편에 장식털이 있다. 매우 아름다운 자태에 매력이 넘쳐 부인, 어린이들의 애완견으로서 인기가 있다.

시원스런 눈매가 귀엽고, 몸털은 비단실과 같이 매끄러우며 더구나 쾌활한 기질이므로 애호가에게는 더없이 매력적인 개이다.

◇ 성격　　극히 유순하며 영리하고 명랑하며 활동적이다.

◇ 외형　　몸높이　수컷 38cm, 암컷 36cm가 이상적.
　　　　　털색　① 흑 ② 흑 이외의 단색 ③ 여러 가지 얼룩 덜룩한 색
　　　　　④ 흑색과 황갈색 검은 바탕에 눈 위, 목, 귀 등의 일부에 여러
　　　　　가지 색의 얼룩이 있는 것으로 대별된다.

아메리칸 콕커 스파니엘

〈조렵견〉
라브라도르 레트리버(Labrador Retriever)

〈원산 : 영국〉

기원은 북미 내륙 캐나다 태평양 연안의 라브라도르라 하며 캐나다를 통해 영국으로 건너가 개량된 것이다. 영어에서 "레트리버(retriever)"라는 것은 「되찾다」「사냥개가 사냥감을 찾아 온다」라는 의미의 말로 이 견종의 개는 그러한 능력이 훌륭하다하여, 발상 지명을 따서 견종명이 된 것이다. 혈통적으로는 뉴파운드랜드나 잉글리시 세터 등, 여러 종류의 개와 복잡한 교배에 의해 개량된 것으로 헤엄을 잘치며 오리 사냥과 같이 물 위에서 하는 사냥에는 안성마춤의 개이다.

영리해서 집을 지키는 개로도 사육되며 특히 수영을 잘 하므로 해수욕장의 호위견으로도 사용되는 이상적인 개이다.

◇ **성 격**　감각은 예민하며 유순하고 영리함.
◇ **외 형**　**몸높이**　수컷 57～62cm, 암컷 54～59cm.
　　　　　　털색　금빛을 띤 쵸콜렛색의 단색의 것이 많으나 흑이나 갈색만의 단색도 있다.

라브라도르 레트리버

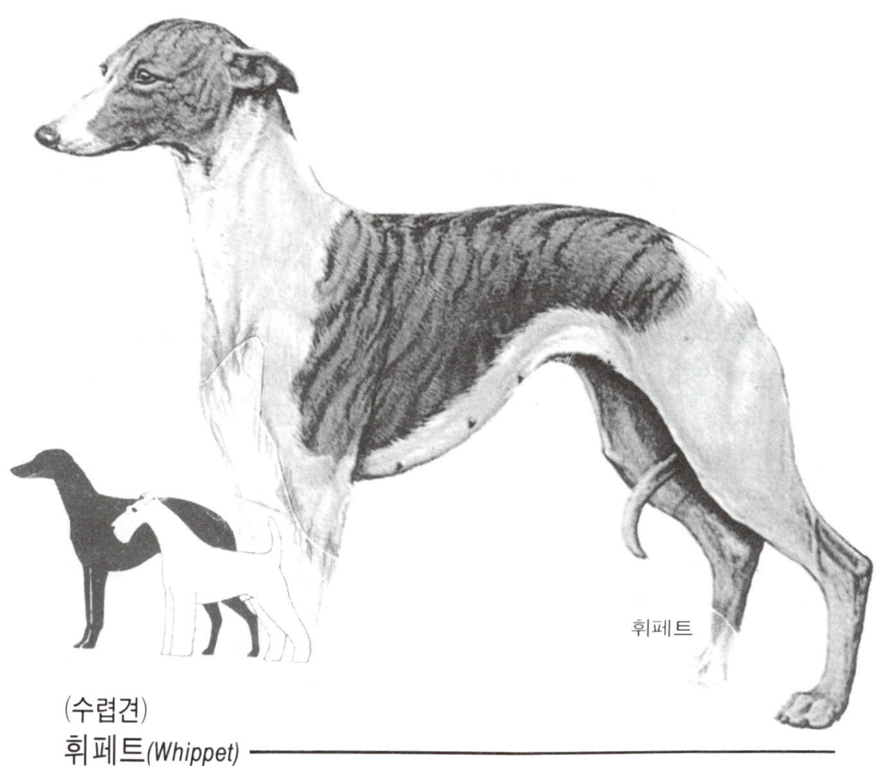

휘페트

휘페트(Whippet)

〈원산 : 영국〉

약 100년 전쯤 소형의 그레이하운드에 맨체스터 테리어, 베들링톤 테리어 및 화이트 테리어 등과 교배하여 만들어진 견종으로 그레이하운드와 마찬가지로 경주용 개로 호평을 받고 있다.

휘페트라는 견종 명칭은 달리는 모습이 마치 말을 채찍으로 때려 달리게 하는 것과 같이 보이는 데서 이러한 이름이 붙여진 것이라 한다.

원래 토끼사냥을 위해 개량된 개이지만 지금은 실용견으로서 그레이하운드와 마찬가지로 경주용 개이다. 그레이하운드와 같은 느낌으로 몸매는 조각적인 아름다움을 갖고 있다.

◇ **성격**　산뜻하며 밝고, 애정이 넘치는 유순하며 조용한 개이다.

◇ **외형**　**몸높이**　수컷 48～55㎝, 암컷 45～53㎝

　　　　　털색　흑색, 엷은 황갈색, 블루, 얼룩 무늬, 빨강 및 흰 바탕에 얼룩점이 있는 것 등.

아프간 하운드*(Afgan Hound)*

〈원산 : 아프카니스탄〉

매우 오래된 견종의 하나로 기원전 4000년 전부터 시나이 반도에 있었다 하며 아라비아에서 고원지대로 들어가 거기에 정착한 것이라 생각되어지고 있다.

아프카니스탄의 벨크지라는 귀족들에게 소중히 키워져 사냥개로 쓰여진 대형견이다.

전신이 부드러운 긴 털로 덮여 있으며 머리 꼭대기에 비단실과 같은 관모(冠毛)가 있고, 기품있는 용모와 느긋하며 독특한 품격을 갖춘 개이다. 어딘지 모르게 중동 지방의 풍취를 느끼게 하는 것은 아라비아가 출신지이기 때문일 것이다.

또한 이 개가 「노아 방주의 개」라는 전설도 있다.

사냥개로서는 영양이나 표범 사냥에 활약하는데 그 품위있는 부드러운 품격 때문에 가정견으로서도 좋아하고 있다. 험한 산길에서도 경쾌하게 질주한다.

◇ 성격　　용감하며 침착하고 민첩한 활동을 하며 추위나 더위에도 잘 견딘다.

◇ 외형　　몸높이 수컷 68.5㎝, 암컷 63.5㎝ 각 전후 3㎝ 까지.
　　　　　털색 담황갈색, 금색, 크림색 외에 빨강, 다채로운 색, 흰색, 쥐색, 황갈색, 얼룩 무늬 등의 여러 가지 종류가 있다.

아프간 하운드

바세트 하운드(Basset Hound)

〈원산 : 프랑스〉

  선조는 옛날의 프렌치·블러드 하운드와 세인트 버나드 하운드라고 하
며 유럽에서도 주로 프랑스와 벨기에서 사슴이나 토끼사냥에 쓰여져 개
량되어 온 것이다.

  모습에 어울리지 않게 스피드도 있으며 끈기가 강한 사냥개이다.

  이 개도 오래된 견종의 하나로 세익스피어의 「한 여름밤의 꿈」에 그 이
름이 나올 정도로 유명하다.

  등이 낮으며 몸통은 길고 귀가 매우 길다. 주름이 많은 얼굴은 우스꽝
스러우며 어딘지 어울리지 않는 느낌을 주나 굉장히 애정이 깊으며 재미
있는 개이다. 현재에도 토끼, 여우 등의 사냥에 많이 이용되고 있으나 사
냥감을 무턱대로 물어 뜯지 않는 장점이 있다.

  또 가정의 애완견으로서도 계속적인 인기가 있다.

◇ **성격**　　영리하며 유순하여 가정견으로서도 적격한 온순성을 갖고 있
　　　　　다.

◇ **외형**　　**몸높이**　암수 다함께 32.5cm 전후.

　　　　　체중　역시 암수컷이 20kg 전후.

　　　　　털색　흑색, 백색과 황갈색의 삼색털 또는 레몬과 흰색, 흑과
　　　　　갈색의 이색털 등.

바세트 하운드

바세트 하운드

비글(Beagle)

〈원산 : 영국〉

영국에서 옛부터 사육된 개로 기원은 확실하지 않으나 도우세트 지방을 중심으로하여 어린 사슴이나 토끼를 잡는데 사용된 개이다. 현재의 예민한 후각은 블러드하운드의 피가 섞인 것이라고 한다.

몸체는 장방형으로 강건하게 죄어져 있으며 발은 곧게 뻗고 힘이 세며, 귀가 처져 있어 보기에도 영리한 듯한 얼굴이다. 실제로 사냥하는 장소에서 결단성이 빠른 것으로 정평이 나있다.

보통, 사냥에는 집단으로 쓰여지며 그 예민한 후각으로 사냥감의 냄새를 맡아 냄새가 가까와지면 짖어대며 쫓아가는데 그 짖어대는 소리가 굉장히 잘 들린다.

짖어대는 소리가 높낮음이 있는 훌륭한 것으로 "노래하는 비글" 또는 "사냥터의 성악가"라고 불리운다.

반면 예로부터 애완견으로서도 인기가 있고 튼튼하며 애정이 넘치는 개이므로 부인이나 어린이들에 의해 애완용으로 길려지고 있다.

미국에서는 유행견으로서 상위급으로 간주될 정도로 인기가 있으며 이후 우리나라에서도 많이 길려질 것이다.

◇ 성격　　유순하며, 명랑하고 감각은 예민하다. 애정이 깊어 가정견으로서도 잘 어울린다.

◇ 외형　　**몸높이**　암수컷 다함께 30~38cm 정도.
　　　　　　털색　백색, 흑색, 황갈색의 삼색털.

비글

보르조이(*Borzoi*) ──────────────

〈원산 : 소련〉

이 개는 옛날에 러시아 울프 하운드라 불리워졌는데 후에 미국에서 "보르조이"라는 견종명으로 공인된 것이다.

그 기원은 확실하지 않지만 처음에는 아리비아인에게 알려지고 나중에 몽고인이 사육하던 것이 소비에트에 전해져 현재와 같은 모양으로 개량된 것이다.

개 중에서 가장 기품이 있는 견종의 하나로 우아한 스타일을 자랑하고 있다. 원래 늑대 사냥에 쓰여진 개로 작은 머리, 뾰죽한 주둥이, 좁으며 유난히 깊은 가슴 등, 과연 소비에트의 초원을 말과 함께 뛰어다녔던 스피드 있는 체구를 지니고 있다.

완만하게 물결진 비단실과 같은 긴털에 덮여 있어 반려견으로서도 매우 귀중하게 여겨지고 있다. 현재에는 늑대 사냥에 사용되는 일은 없고 단지 그 아름다운 자태를 즐기는 관상견으로서 세계적으로 사육되고 있다.

◇ **성격**　　감각이 예민하고 대담한 기질이다.

◇ **외형**　　**몸높이**　수컷 70~78㎝, 암컷 65~73㎝.
　　　　　　털색 일반적으로 단색이 우세하며 레몬, 황갈색, 얼룩무늬, 그레이, 흑색 등의 반점이 있다.

보르조이

그레이하운드(Greyhound) ─────────

〈원산 : 이집트〉

이 견종의 역사는 매우 길며 가장 대표적인 고대 견종 중 하나이다. 유명한 고대 이집트 벽화에 남아있는 사냥개의 그림은 대부분이 이 그레이하운드 타입의 개이다 속도가 빠르므로 옛날에는 맹수 사냥 등에 쓰여졌으나 다리의 힘과 먼 곳을 잘 볼 수 있는 원시안으로 현재 외국에서는 경주용 개로 쓰이고 있다.

얼굴은 홀쭉하며 귀는 작고 발은 길다. 전신이 날씬하며 근육질로 군살이 없어 보기에도 스피드감이 넘친다. 이 스피드는 더비(Darby)의 우승 말과 달리게 해도 오히려 이 개가 빠르다 할 정도이다.

그레이하운드라는 견종 명칭에 대해서는 여러 가지 설이 있으나 고대 희랍인이 이 개를 매우 존중했기 때문에 다음과 같이 표현했으며 이런 의미의 희랍어에 유래가 있는 듯하다.

"그레이하운드는 빛이 번쩍이는 것과 같이 빠르고 제비와 같이 우아하며 솔로몬처럼 영리한 개이다."

◇ 성격　유순하며 감각이 예민하다.
◇ 외형　**몸높이**　수컷 65㎝ 이상, 암컷 60㎝ 이상.
　　　　털색　얼룩무늬, 엷은 황갈색, 흑색과 백색 등 갖가지 이다.

그레이 하운드

복서(Boxer)

〈원산 : 독일〉

약 100년 전쯤에 원래 독일에 있던 개에 불독이나 테리어의 피를 섞어 개량하여 만들어진 개로 처음에는 수렵견이나 투기견으로 쓰여졌으나 그 후 군용견이나 경찰견으로 이용하게 되었다.

견종명은 이 개가 싸울 때 앞발을 올리는 모습이 권투하는 사람과 흡사하다하여 복서라고 이름 지어졌다 전해진다.

중형 단모의 짜임새 있는 각형(角形)의 몸매로, 다리에 힘이 강하고 전체의 균형이 잘 잡혀 있다. 근육도 힘차게 발달하고, 피부 아래에 조각과 같이 탄탄하게 솟아 있음을 알 수 있다. 꼬리는 제3 미추골(美椎骨)에서 꼬리자르기를 하여 항상 위로 향하도록 유지되어 있다.

이 개의 동작은 정력적이며 활기가 있고 늠름하다. 귀한 품종이므로 가정견으로서도 흔히 보기 어려운 좋은 자질을 갖춘 개이다.

◇ 성격　얼굴이 보기에는 아주 무서운 듯하나 영리하고, 유순하여 기르기 쉬운 개이다.

◇ 외형　**몸높이**　수컷 57~63cm, 암컷 54~60cm.
　　　　털색　엷은 황갈색의 얼룩 무늬 색으로 흰 얼룩점의 것도 있다. 블랙 마스크(검은 얼굴)는 절대 필요하다.

복서

불마스티프(*Bull Mastiff*) ─────────

〈원산 : 영국〉

19세기에 불독과 마스티프의 교배에 의해 만들어진 견종이다. 불독은 황소(bull)와 마스티프는 곰과 싸울 때에 쓰여졌으므로 양쪽의 강한 힘을 겸비한 매우 정력적인 개이다.

마스티프는 원래 거대한 체구의 개였는데 이 교배에 의해 마스티프보다 소형이며 민첩한 개로 개량된 것이다. 처음에는 상당히 사나운 개였으나 차츰 개량되어 현재는 강력한 힘을 가진 침착하고 조용한 성질이 되었다.

중형보다 약간 대형으로 매우 육중한 위엄을 지니고 있다.

머리 부위는 크며 폭이 넓고, 사각형으로 그 둘레의 길이는 거의 몸높이에 맞먹는다. 주둥이는 폭이 넓고 깊으며 이른바, 마스티프형을 하고 있다.

어깨는 근육이 잘 발달되었고 허리도 폭이 넓으며 꼬리는 길고 끝이 가늘다.

심야의 망보는 개로서, 사냥터에서 쓰여져 밀렵자(密獵者)들의 두려운 대상이 되었다.

불마스티프

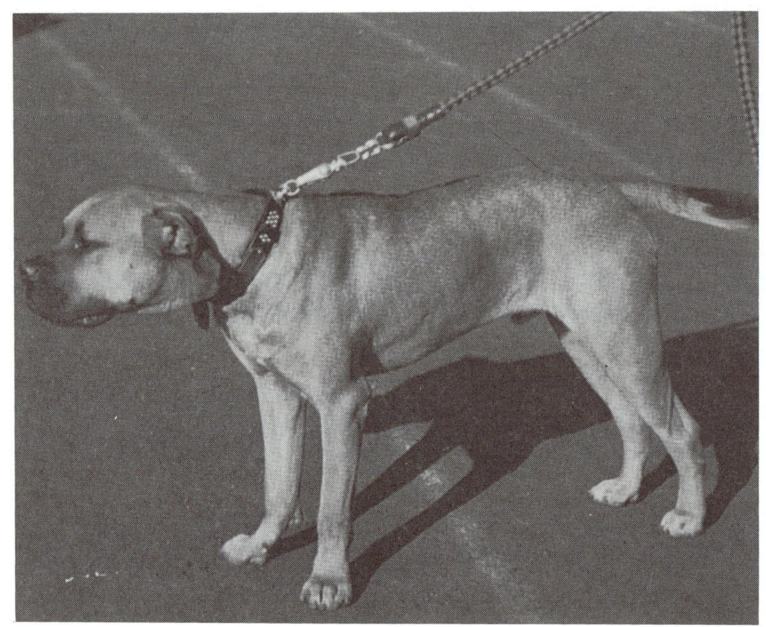

불마스티프

충실한 집 지키는 개로서, 큰 저택의 경비 등에 걸맞는다.

◇ 성격　　대담·침착하여 집 지키는 개로 매우 유능하다. 주인에게는 온
순하며 충실하다.

◇ 외형　　몸높이　수컷 63~69cm, 암컷 61~66cm.
털색은 엷은 황갈색이 보통이며 얼룩 무늬도 있다.

(사역견)
콜리(Collie) ─────────────────────────────

〈원산 : 영국〉

영국의 스코틀랜드 지방의 고원에서 옛부터 목양견(牧羊犬)으로 사육되
었던 순수한 작업견이다. 콜리라는 견종명은 검은 얼굴과 검은 다리의 양
을 콜리라 하므로 목양견을 콜리 독(Collie Dog)이라 불렀기 때문에 간단
히 콜리라 부르게 되었다.

몸은 긴 직모(直毛)에 덮여 있어 우아하다해도 과언이 아닌 몸매와 얼

굴 모양을 갖춘 기품이 넘치는 개이다.

장모종과 단모종이 있는데 뭐니뭐니해도 콜리의 독특한 아름다움은, 탐
스럽게 더부룩한 털로서 그 중 털이 긴 종류를 일반적으로 좋아하고 있다.

◇ 성격　　명랑하고 민감하며 활발한 개이다.

◇ 외형　　**몸높이**　수컷 61~66㎝, 암컷 56~61㎝.

　　　　　체중　수컷 27~34㎏, 암컷 23~29㎏.

　　　　　털색　다음 4종류로 대별된다. ① 검은 담비색과 흰색 ② 흑색,
갈색, 흰색의 삼색 털 ③ 청회색에 검은 얼룩 ④ 흰 바탕에 검
은 담비색이나 삼색의 얼룩점.

콜 리

도베르만 핀세르(Dorberman Pinscher) ───────────

〈원산 : 독일〉

지금으로부터 75년 전쯤에 독일 튜닝겐 지방의 루이스 도베르만에 의해 개량된 견종으로 그 지방의 토종견에 각종 개의 피가 섞여 개량된 것이다.

그는 우아하고 힘이 센 작업견을 만들어 내려고 여러모로 노력한 결과 도베르만 핀세르의 개량에 의해 성공을 거두었다. 이 개는 작업에 맞는 탁월한 견종으로 창출자의 이름이 그대로 견종명으로 남게 되었다.

몸매는 장방형의 체구를 늘씬하게 일으키는 중형의 개로 몸높이와 몸의 길이가 거의 같다. 근육은 잘 죄어져 탄탄하고 강력하며 내구력이 풍부하다. 스피드와 고상한 품위를 갖추고 우아하며 또 웅장한 느낌을 준다.

귀는 절단하여 균형있게 일어서며, 꼬리도 꼬리 밑둥에서 5㎝ 이내에서 잘려 있다.

군용견으로서도 우수성이 인정되어 활약한 바 있고 경찰견으로서 현재에도 사용되고 있다. 또한 집 지키는 개로도 걸맞는다.

◇ 성격　활력이 넘치고 경계심이 뛰어나며 방심하지 않는다. 반면 주인에게는 잘 순종하며 충실한 좋은 개이다.

◇ 외형　**몸높이**　수컷 66~71㎝, 암컷 61~66㎝.
　　　　털색 흑색과 갈색에 황갈색의 얼룩점이 보통.

도베르만 핀세르

도베르만 핀세르

세퍼드(Shepherd)

〈원산 : 독일〉

독일의 바바리아나 튜우링겐 지방에서 쓰여진 목양견(牧羊犬)을 19세기 말엽에 개량하여 오늘날 세련된 타입의 성능을 갖춘 견종이 만들어졌다. 개량할 때 늑대의 피도 섞였다 하며 세퍼드라는 견종명은 영어에서 목양견이라는 의미이다.

원래 목양견으로서의 성능은 물론, 경찰견, 맹도견(盲導犬), 구호견, 가정견으로도 훌륭한 능력을 발휘하여 이상적인 문자 그대로의 만능견이다.

쫑긋이 선 귀, 보기에도 활동적인 체구, 강하고 억새보이는 늠름한 체격, 가랑이를 크게 벌려 성큼성큼 걷는 걸음걸이 등 몸매도 단정하며 빼어났다.

몸털은 약간 장모의 것과 단모의 것이 있으나 너무 긴 털은 좋지 않다.

이 개는 훈련 여하에 따라 능력을 발휘하므로 반드시 올바른 버릇과 훈

련을 시켜야 한다. 훈련 부족으로는 진정한 좋은 세퍼드의 능력을 알 수
없다.

◇ 성격　예리하고 사나운 성품으로 훈련에 따라 개로서는 최고의 능력
　　　　을 발휘한다. 주인에게는 잘 따르며 지적(知的)이고 충성심이
　　　　강하다.
◇ 외형　몸높이　수컷 60~65㎝, 암컷 55~60㎝.
　　　　체중　수컷 33~38㎏,　암컷 26~31㎏.
　　　　털색　범위가 넓으며 흑색, 적색, 갈색, 황갈색, 회색이 기본.

세퍼드

(사역견)
그레이트 댄(Great Dane) ─────────────

선조는 중앙 아시아에 기원을 갖는 올드 잉글리시 마스티프라 하며 덴마아크에서 독일에 건너가 개량되어 호신용의 대형 집 지키는 개로 발달해 왔다.

그레이트 댄이란 「덴마아크의 큰 개」란 의미이다.

원래 산돼지 사냥이나 투견으로 쓰여진 관계로 스포티하며 경쾌한 견종이다.

가장 큰 견종의 하나로 길러야 한다는 것이 절대적인 필요 조건으로 되어 있다.

몸높이와 몸길이의 균형이 잡혀 있으며 크면 클수록 좋다고 되어 있다.

크고 훌륭한 몸매, 품격의 아름다움, 힘이 센 점 등을 겸비한 개이다.

머리 부위는 길고 크게 서며, 발은 곧게 뻗고 털은 깍아낸 듯이 짧으며 매끄러운 광택이 있다. 독일, 미국에서는 귀를 자르며(斷耳) 영국에서는 귀를 자르지 않고 자연 그대로의 드리워진 귀이다.

그레이트 댄

◇ 성격　　추격하는 듯 기백에 차 있으며 용감하다. 유순하며 잘 따른다.
◇ 외형　　몸높이　수컷 76㎝ 이상, 암컷 70㎝ 이상.
　　　　　체중　수컷 54㎏ 이상, 암컷 45㎏ 이상.
　　　　　털색은 크게 나누어 ① 흑 ② 청색 ③ 얼룩 무늬 ④ 엷은 황갈
　　　　　색 ⑤ 흰 바탕에 검은 얼룩점의 5종.

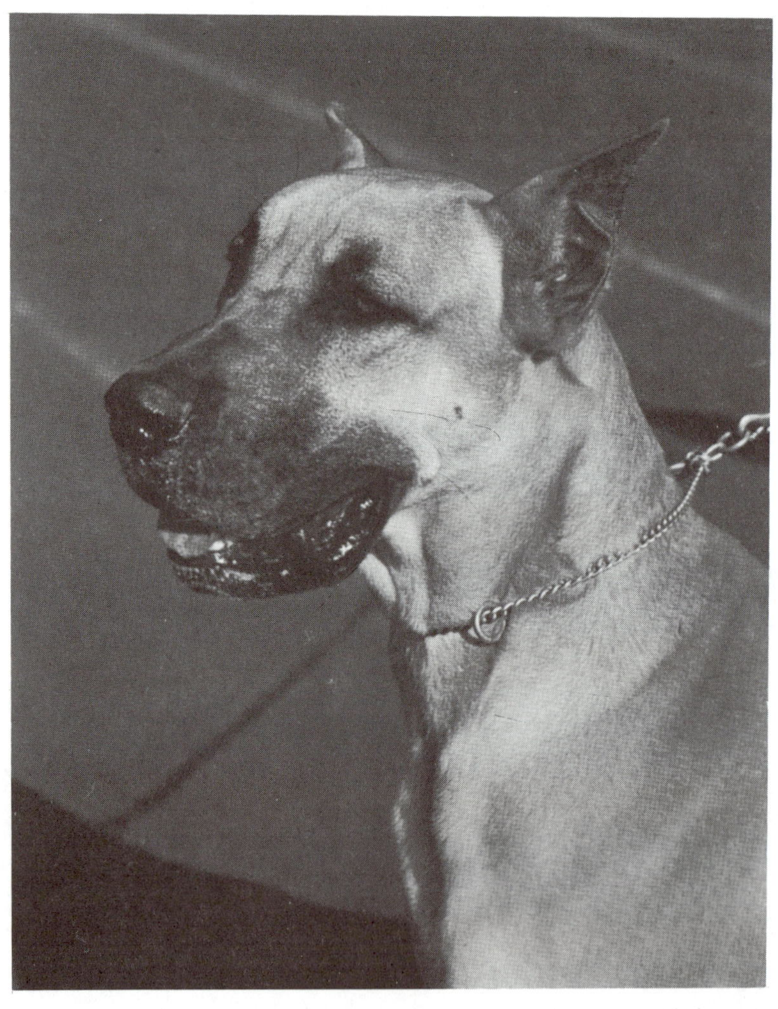

그레이트 댄

(사역견)
올드 잉글리시 쉽독(Old English sheepdog)

그 이름이 표시하듯 오랜 견종은 아니며 약 150년 전에 영국의 데본 써 메세트, 코운월 등의 각 주에 나타난 것으로 혈통적으로는 분명하지 않은 점이 많은 견종이다.

몸 전체가 더부룩한 털로 덮여, 안면은 머리에서부터 드리워내려진 털로 보이지 않을 정도이다. 푹신하고 부드러운 긴 털은 더위나 추위, 습기 따위에 몸체를 보호하기 위한 것이다. 강건하며 외모는 매우 단정하게 잡혀있다.

꼬리는 자연 그대로의 짧은 꼬리가 아닌 것은 생후 2~3일 쯤에 제1 미추골(尾椎骨)에서 꼬리를 잘라 주는 것이 관례로 되어 있다. 또 그 풍부한 몸털은 양모(羊毛)와 마찬가지로 방적사로 이용할 수 있으므로 호움스펀이나 장갑으로 가공되고 있다.

목양견(牧羊犬)으로 어울리며 달리기를 잘 하며, 그냥 걸을 때에는 천천히 특징있는 걸음걸이를 한다. 몸털은 풍부할수록 좋은 것으로 되어 있다.

◇ **성격**　유순하고 영리하여 가정견으로 적격하다. 짖는 소리가 매우 독특하다.

◇ **외형**　**몸높이**　수컷 56㎝ 이상, 암컷은 약간 소형.

올드 잉글리시 쉽독

올드 잉글리시 쉽독

털색 각종의 회색 또는 푸른 색, 검푸른 털색에 흰 얼룩이 있는 것 또는 그 색이 반대인 것 등. 갈색 계통은 좋지 않다고 한다.

(사역견)

세인트 버나드(St. Bernard)

〈원산 : 스위스〉

선조는 옛 티벳의 마스티프라 추측이 되는데 기원 전에 유럽으로 건너 간 것의 자손이라 되어 있다.

스위스의 세인트 버나드 고개 부근에서 오랫동안 조난자의 구조견(救助犬)으로 활약하던 중 독특한 발달을 이룩한 것으로 견종명도 여기에서 유래된 것이다. 이 개는 많은 개 중에서 가장 큰 체구로써 그 늠름하고 거칠데 없는 장중한 표정과 아름다운 털결은 위엄성과 총명함을 나타내고 있다. 과연 "개의 왕자"라 해도 과언이 아니다.

몸은 거대하지만 성질은 상냥하여 어린이들의 좋은 놀이 상대로도 적당하다. 또한 잘 알려져 있듯이 눈 덮인 산 중에서의 조난자 구조에는 없어서 안 될 개이다.

장모종과 단모종이 있으며 매우 아름답고 가지런한 털결을 자랑하고 있

세인트 버나드

세인트 버나드는 견종 중에서 가장 거대한 체구의 개이다. 알프스 산 중에서 길
을 잃은 조난자를 구출하는 구조견으로 세계적으로 선전된 개로, 어딘지 중세의
낭만적인 분위기를 풍기고 있다.

세인트 버나드

다. 체중은 최대의 것은 110kg 이나 되는 것이 있다.

◇ 성격　영리하고 유순하며 주인에게 잘 순종하는 개이다.

◇ 외형　**몸높이**　수컷 70cm 이상, 암컷 65cm 이상.

　　　　털색　흰 바탕에 빨강, 빨강 바탕에 흰색 등 여러 가지 색이
배합된 빨강, 얼룩무늬에 흰 얼룩점 등이 있다.

　　　　입 주위에서 얼굴과 머리에 걸쳐 가슴, 다리, 꼬리 끝 등이 흰
것이 보통.

〈사역견〉

쉬틀랜드 쉽독(Shetland Sheepdog)

〈원산 : 영국 쉬틀랜드 섬〉

　콜리와 아주 비슷한 목양견(牧羊犬)인데 콜리보다 소형이다. 영국의 스
코틀랜드 지방 북동부에 있는 쉬틀랜드 섬이 원산으로 그 이름을 딴 것이
다. 애칭하여 쉘티라 불리운다.

　목양견(牧羊犬)이므로 영리하며 감각이 예민하고 유순한 성질이므로 가
정견으로도 적격이다. 또한 소형이므로 어린이의 놀이 상대로도 도회지
등에서 기르기에 적합하다.

쉬틀랜드 쉽독

귀는 콜리와 같이 긴장하면 귀 끝이 앞쪽으로 드리우고 바로 선다. 털은 길며 목 부위와 가슴 등에 장식털이 있다. 원산지인 쉬틀랜드 섬에서는 양 지키기 외에 말이나 소의 관리에도 사용된다고 한다. 소형 콜리 또는 쉬틀랜드 콜리라고도 불리운다.

◇ 성격　　유순하며 잘 따르고 감각이 예민하다.

◇ 외형　　몸높이　33～41㎝.

　　　　　체중　17～25㎏.

　　　　　털색　검은 담비색, 검푸른색, 삼색 등.

〈테리어〉
에어대일 테리어 (Airedale Terrier)

〈원산 : 영국〉

　17세기부터 영국의 에어강 주변의 계곡에서 수달 사냥에 쓰여졌던 사냥개를 바탕으로 테리어의 피를 가해 개량된 견종. 테리어류 중에서는 제일 크며 만능견이라 불리울 정도로 우수한 성능을 갖추어 영국이 세계에 자랑하는 견종의 하나이다. 견종 명칭은 에어 계곡의 테리어라는 의미를 나타내고 있다.

체형이 장방형인 것이 특징적이고, 얼굴은 네모지며 길고 골격과 근육, 몸높이와 체중 등 전신의 균형이 잘 잡혀 있고 마치 안에 솜을 넣고 꿰멘 장난감 개의 인형과 같다.

사냥개로서의 성능은 선천적으로 뛰어나며 그 밖에 군용견, 경찰견으로서도 그 능력에는 정평이 나 있다. 그리고 디스템퍼에 대한 저항력도 강하며, 체질도 강건하고 성질은 온순하며 영리하므로 가정견으로도 이상적인 견종이다.

몸털은 강모로서 솔과 같이 뻣뻣하여 버석버석 하다. 꼬리는 적당한 굵기로 높게 달려 있고, 적당한 길이로 꼬리자르기를 한다.

◇ 성격　특유한 기백이 있으며 총명하며 충실, 용감, 예민, 경계심이 강하여, 사냥개로서도 훌륭한 만능견이다.

◇ 외형　몸높이　수컷 58～62cm, 암컷 54～58cm.
　　　　털색　황갈색으로 잔등 부위만 안장걸이와 같이 검거나 암색이다.

에어대일 테리어

에어대일 테리어

〈테리어〉
베들링톤 테리어*(Bedlington Terrier)* ─────────

〈원산 : 영국〉

　잉글랜드의 보더 계곡에 있던 오래된 보더 스레우스하운드에, 발이 짧은 테리어나 거친 털의 테리어 등 여러 가지 종류의 피가 섞여 개량된 것이라 한다. 처음에는 다리가 짧았으나 나중에 휘페트와의 교배에 의해 현재와 같은 모습이 되었다. 견종명은 이 지방의 명칭을 딴 것이다.

　폭스 테리어 정도의 크기로 이 견종의 가장 큰 특징은 다른 테리어에서는 볼 수 없는 길게 드리워진 귀와 머리에 관모(冠毛)를 갖고 있는 점이다. 어린 양과 같이 품위가 있고 스마트한 스타일로 옛날에는 토끼, 오소리, 수달 사냥 등에 쓰여졌는데 현재는 사냥에는 거의 쓰이지 않으며 가정견으로 애호되고 있다.

　머리와 등 허리 부위가 둥그스름하며 복부가 말려 올라가 몸매는 날씬하다. 어린 양과 같은 품위에 정연하게 뽐내며 걷는 모습은 상당히 인상적이다. 같은 무리의 개 사이에서는 질투가 심하다고 한다.

◇ **성격**　　애정이 넘치며 영리한데 질투가 심해 싸움을 좋아하는 것이 결점.

베들링톤 테리어

◇외형　　몸높이　암·수 다함께 50cm 전후.
　　　　　　털색　순백, 얼룩 무늬 색, 호랑무늬와 흰색, 흑과 백, 빨강과
　　　　　　흰색 등.

218

카이른 테리어(Cairn Terrier) —————————————

〈원산 : 영국(스코틀랜드)〉

　원산지는 영국의 스코틀랜드 지방인데 옛부터 작은 동물 사냥에 쓰여졌던 견종이다. 카이른(Cairn)이란 쌓인 돌(積石)이란 의미로 적석 속이나 바위 구멍에서 작은 동물을 쫓아내는데 쓰여졌으므로 이 명칭이 붙었다. 사냥개로 쓰여졌던 만큼 후각이 예민하며 몸이 튼튼한데 다리가 짧고 털이 거친 소박한 개이다. 지금은 가정견으로, 집 지키는 개와, 애완견으로 기르고 있다.

◇ 성격　용감하고, 충실하나 소박하므로 별로 애교가 없다.

◇ 외형　몸높이　수컷 25cm, 암컷 23cm.

　　　　체중　수컷 7kg, 암컷 6kg.

　　　　털색　빨강, 엷은 갈색, 얼룩 무늬 또는 흑색에 가까운 색이다.

카이른 테리어

와이어 헤어드 폭스 테리어(Wire Haired Fox Terrier)————

〈원산 : 영국〉

폭스 테리어는 약 100년 전쯤 여우 사냥이나 작은 피해를 주는 동물 사냥에 쓰여졌던 때에는 영국 각지에서 각기 다른 타입이었다. 그것이 올드 잉글리시 블랙 턴 테리어, 블루 테리어, 그레이하운드 등의 교배로 개량이 되어 현재와 같은 타입으로 고정된 것이다.

처음에는 여우 사냥에 쓰여졌는데 오늘날에는 가정의 애완견으로서 인기견이 되었다. 명랑하며 장난기가 있고 전신은 철사와 같이 빳빳하고 비틀린 반 장모로 덮여져, 사냥개답게 성질이 강한 점도 있어 우리나라에서도 많이 기르고 있다. 또한 세계적으로도 명성이 있어 각국의 개 경연 대회에서도 인기견이다.

성질은 밝으며 애교가 풍부하므로 누구에게나 귀여움을 받고 있다. 몸체는 균형있게 잡히고 이지적인 눈과 곧게 선 앞다리를 갖고 있고 동작에는 발랄한 긴장감이 있다. 꼬리는 4분의 3을 남기고 자르게 된다.

◇ 성격　　예민하며 활기에 넘치고, 밝고 명랑하여 애교가 풍부한 개이다.

◇ 외형　　**몸높이**　수컷 39cm, 암컷 36cm.

　　　　　털색 흰색의 것이 많으며 흑색과 다갈색의 얼룩점이 있다.

와이어 헤어드 폭스 테리어

〈테리어〉
미니어처 슈나우저(*Miniature Schunauzer*)

〈원산 : 독일〉

스탠더드 슈나우저를 기초로 소형견 아펜 핀세르와의 교배에 의해 개량된 견종이다. 슈나우저라는 견종명은 주둥이 부위에 입수염이 있는 것에 유래하여 입수염이 있는 사람을 독일어로 "슈나우저"라 부르는 데서 생겼다.

테리어 타입의 활발하며 튼튼한 개로 보기에도 기민성을 느끼게 하는 몸매를 갖고 있다. 그 쾌활한 성격은 스탠더드 슈나우저를 꼭 닮았다. 몸길이는 몸높이와 거의 같은데 뼈가 굵기 때문에, 실제보다 크게 보이는 개이다. 쥐를 잘 잡으며 경계심이 강하기 때문에 집 지키는 개로 적격이며 가정의 애완견으로도 정평이 높은 개이다.

몸털은 단단하여 감촉이 거칠고 잘 다듬어 아름답게 손질할 수가 있다. 꼬리는 생후 얼마 있다가 자른다. 가정에서 애완견으로 길러도 재미있는 견종이다.

◇ **성격**　쾌활하며 경계심이 강한 개이다

◇ **외형**　**몸높이**　암·수 다함께 30~35cm로 이상적인 것은 34cm로 되어 있다.

　　　　털색　후추색과 암염(岩鹽)색의 희끗희끗한 무늬, 검고. 은색, 흑 단색 등이 있으며 색은 농담이 있는 희끗희끗한 그레이.

미니어처 슈나우저

스코티시 테리어(Scottish Terrier) ────────

〈원산 : 영국〉

그 이름과 같이 스코틀랜드 토종견으로 처음엔 에버딘 지방에서 길렀던 것을 에버딘 바위산의 굴 사냥에 쓰여졌던 개로 완강한 체구와 짧은 다리를 갖고 있고 성질은 인내심이 강하며 용감하여 싸우기를 좋아하는 개이다.

소형이지만 강모(剛毛)로 덮여 있고, 머리와 꼬리를 치켜 세우고 뾰죽하게 뻗은 귀에 활동적인 표정을 하고 있다.

근대적인 감각이 넘친 개로 가정의 애완견으로서 폭넓은 애호가를 갖고 있다. 어딘가 사람의 관심을 끄는 장난감과 같은 귀여운 개이다.

그 짖는 소리는 체구에 어울리지 않게 굵으며 영리하고 경계심도 있어 아무에게나 꼬리를 흔들어 애무를 청하는 개가 아니다.

종종걸음으로 걷는 모습이 애교가 있어 부인이나 어린이들의 애완용 액세서리로서 세계적으로 유행하고 있다.

집도 잘 지키며 쥐가 얼씬거리지 못하므로 가정견으로서도 제격이다.

◇ **성격**　영리하고 생기 발랄하며 승부욕이 강한 고집이 센 개이다.

◇ **외형**　**몸높이**　수컷 25~28cm.

　　　　　털색　검정 단색, 얼룩무늬, 회색, 보리색 등.

스코티시 테리어

웨스트 하일랜드 화이트 테리어(*West Highland White Terrier*)

〈원산 : 영국〉

스코틀랜드의 아주 오래된 작은 사냥개로 웨스트 하일랜드 지방에서 스코티시 테리어나 카이른 테리어와 같은 선조에서 개량된 것이다. 쾌활한 표정에 상냥함이 넘치며 순백의 털로 덮인 깨끗하고 산뜻하며 아름다운 개이다. 그리고 원래는 사냥개였던 만큼 투지도 있다.

머리는 크거나 작지도 않은 길이와 폭이며, 눈은 폭넓게 떨어져 있다. 귀는 작은 삼각형으로 높게 위치해 있고, 앞쪽을 향해 서 있다. 다리는 비교적 짧고 뼈가 굵으며 특히 뒷발이 잘 발달되어 있다. 좁은 보폭으로 경쾌하게 걷는다.

상냥한 표정과 산뜻한 아름다움은 애완견으로서도 특히 부인층이 좋아하는 개라 말할 수 있다.

유명한 스카치 위스키의 트레이드 마크로서, 검은 스코티시 테리어와 나란히 사용되고 있으므로 아는 사람도 많을 것이다. 털의 성질은 단단하며, 순백의 아름다운 것으로, 약 5cm 정도의 매끄러운 직모(直毛)이다.

◇ 성격　밝고 영리하며 유순한 개로 사냥개다운 투지도 있다.

◇ 외형　몸높이　수컷 25～30cm, 암컷 22～27cm.

　　　　털색　순백색.

웨스트 하일랜드 화이트 테리어

잉글리시 토이 테리어(*English Toy Terrier*) ─────────────

〈원산 : 영국〉

예전에는 블랙 엔드 턴 테리어라 불리어 왔던 맨체스터 테리어를 소형화(小形化)한 것으로 그 기원은 확실하지 않다.

일설에 의하면 토이 맨체스터 테리어는 새끼 중 한 마리만 크게 자라고 나머지는 유난히 소형이 되어, 그 소형견을 사육해 가는 중에 토이 맨체스터로 고정화(化) 되었다고 전해진다.

극히 화사한 소형견으로 검은 광택이 있는 짧은 털의 쾌활한 실내견(室內犬)이다. 귀의 특징은 곧게 선 직립 귀로 청각이 예민하여 실내에서 기르는 집 지키는 개로서는 이상적인 견종이다.

주인에게는 충실하고 영특한 개로 단모이기 때문에 별로 손질을 하지 않아도 되는 장점이 있다. 한때는 소형일수록 좋아하며 체중 1.5kg의 것까지 개량되었으나, 너무 작아 허약하기 때문에 현재는 3.5kg 이하로 되어 있다.

◇ **성격**　귀가 예민하여 경계심이 강하고 성질은 온순하므로 실내의 집 지키는 개로 적당하다.

◇ **외형**　**몸높이**　암·수 다함께 23cm 전후.

　　　　체중　암·수 다함께 3.5kg 이하.

　　　　털색　흑색과 갈색.

잉글리시 토이 테리어

잉글리시 토이 테리어

(소형 애완견)
시추(shih Tzu) ——————————————————

〈원산 : 티벳〉

기원은 티벳이며 수백년에 걸쳐 이 지방에서 순수성을 유지해온 것으로
1930년 초기에 처음으로 영국에 건너가 1934년에 라사 아프소(Lhasa Apso)
에서 구별되어 공인된 것이다. 미국에서의 공인은 1962년이다.

견종명은 Shih Tzu라 쓰며 영미에서는 시드즈라 발음되고 있다.

외견은 페키니스와 흡사하며 의젓한 태도를 취하는 반면, 밝고 명랑하
며 주인과 함께 어울려 놀기를 아주 좋아한다. 머리를 자주 쳐들고 꼬리
를 등에 얹고 민첩하게 걷는다.

◇ 성격　　활발하며 밝고, 영리하며 재빠른 개이다. 긍지 있는 태도를 취
　　　　　하는 반면, 마음씨가 좋고 놀기를 좋아한다.

◇ 외형　　몸높이　암·수 다함께 26cm 이하.

　　　　　체중　암·수 다함께 8kg 이하.

　　　　　털색　제한이 없으며 이마에 흰 유성(流星)이 있는 것과, 꼬
　　　　　리 끝의 흰색이 있는 것이 높이 평가된다.

시추

시추

브랏셀 그리폰(Brussels Griffon)

〈원산 : 벨기에〉

벨기에산의 그리폰과 그 외에 벨기언 그리폰, 브라방코가 있다.

브랏셀 그리폰의 선조에 대해서는 여러 가지 설이 있으나 일반적으로 벨기에의 사육자에 의해, 소형 테리어 퍼그의 피를 섞어 다시 다른 소형의 토이 스파니엘과 교배 후 개량된 것이라 일컬어지고 있다. 벨기에의 수도 브랏셀에서 개량되어 이 지명에 따라 견종명이 붙여졌다.

입수염이 돋아나 마치 종규(鍾逵:마귀를 쫓아낸다는 神)와 같은 색다른 얼굴 모양을 하고 있다.

튼튼하여 기르기 쉬우며 붉은 기가 있는 갈색의 철사 모양의 몸털이 밀생하며 꼬리는 3분의 2로 자른다.

귀는 자연스럽게 드리워지는 귀인데 단이(斷耳)하여 곧게 한다.

19세기 말 유럽에서 인기의 절정을 누렸었는데 지금도 역시 많은 애호가를 갖고 있다. 기질적으로는 테리어계(系)의 사냥개 성질을 강하게 이어받고 있다. 마음씨 좋은 할아버지와 같은 표정에는 색다른 애교가 있다.

◇ 성격　　　유순하고, 쾌활하며 명랑하다.

◇ 외형　　　체중　암·수 다함께 3~5kg 전후.

　　　　　　　털색　붉은 기가 있는 갈색이 많으며 흑색만의 단색도 있다.

브랏셀 그리폰

(한국견)
삽살이

〈원산 : 한국〉

이 견종은 티벳트 쪽에서 동방으로 도래한 견종으로 만주에서는 대형견으로 한국에서는 오늘날의 중형견인 삽살이로 잔존해 있는 형태이나 서방으로 진출한 견종 중에는 헝가리에 코몬돌, 피레네산맥의 피레니스견 등이 모두 백색이나 타이벳탄 마스티프의 자손이며 특히 코몬돌견은 백색이지만 한국의 삽살개와 흡사하며 현재 영국의 장모 목양견이된 것이다.

삽살개는 옛날 아흔아홉칸 큰 집에 열두 대문을 지키는데 있어 악귀를 막고 잡귀를 볼 수 있는 영험한 개로서 선견지명이 있어 어떤 일이 생기면 이상할 정도로 짖어 길흉의 징조를 알려주므로서 양반가에서 주로 사육되었다.

현재 이 개의 후손은 강원도, 경상남북도, 충청남북도 산간지방에 혼혈종이 있으나, 영감적인 영악성을 지닌 순수한 개는 몇 마리 되지 않아 순혈 교정이 필요한 실정이다.

◇ **성격**   매우 활발하며 주인을 잘 따르고 선견지명이 있는 영악한 개.

◇ **외형**   털색 장모종으로 온몸에 덮여있고 황색과 청색이 있다.

(한국견)
풍산개

〈원산 : 함경북도〉

북부지방견으로 함경북도 풍산지방의 고유견인 풍산개는 백두산 고산지대 화전민들이 사냥에 사용하였다는 우수견이다. 압록강의 지류인 웅천강의 원류가 시작되는 이곳 풍산지방은 남쪽으로 높은 산맥이 해안지대를 병풍으로 둘러쌓은 듯한 분지의 중앙지이기도 하다. 한때 일본인들이 천연기념물로 지정하였던 우량견종이었으며 그 짖어대는 소리가 우렁차고 커서 한번 짖으면 인근 동물들이 숨어버릴 정도라 하며 강인하고 영리하기 때문에 맹수 사냥에 적합한 유일한 한국견이나 이 풍산개에 대한 자세한 기록은 없고 현재 북한에서 개량 번식하고 있다는 설이 있다.

◇ **성격**   특유한 기백이 있으며 총명, 충실, 용감하여 맹수사냥에도 훌륭한 개이다.

◇ **외형**   털색 보통 크기 이상의 대형견으로 황백색, 회백색이 대부분이며 흑색이나 백색 등 여러 가지 혼색도 있다.

제주개(탐라개) ━━━━━━━━━━━━━━━━━━━━━━━━

〈원산 : 제주도〉

　제주도에 있어서도 육지에서 건너간 개들이 진도개와 마찬가지로 육지와 많이 떨어져 있는 관계로 이곳 개들도 비교적 순수하게 보존되어 잔존되어 있을 가능성이 있을 것으로 본다.

　최근 우리나라 토산 동식물에 대한 우리 것 찾기에 힘입어 「제주 토산 동식물 시험농장」에서 제주도개등 몇 마리를 찾아 번식시키고 있는 것은 우리 한국견에 대한 관심을 가지고 있는 애견인에게 반가운 일이라 하겠다.

　일반적으로 이 개들은 진도개와 비교하여 외모적으로 볼 때 약간 큰 편이며 꼬리는 짧고 장대 꼬리가 많은 편이며 털색은 현재까지 황색견만이 있을 뿐이다. 흑색이나 백색 등도 나올 가능성이 있으며 모종은 직장모종으로 치밀한 이중 보모로서 수렵에 필요한 전천후 코트로 덮여있다.

제주개 (탐라개)

해남개 ————————————————————————

〈원산 : 완도〉

　일명 완도개라고도 하며 상당히 오랜 세월에 걸쳐 사냥이나 가정견으로
흔히 이용되었다. 그러나 6.25라는 민족상잔의 수난과 함께 순종 해남견을
찾아볼 수 없을 정도로 멸종 상태이므로 안타까운 사실이다.
　이 토종개는 귀가 진도개보다는 귀바퀴가 굵고 크며 두상은 약간 긴것
으로 전해지고 있지만 확인할 만한 근거 자료가 없다.

부 록(부도)

아메리칸 콕커 스파니엘

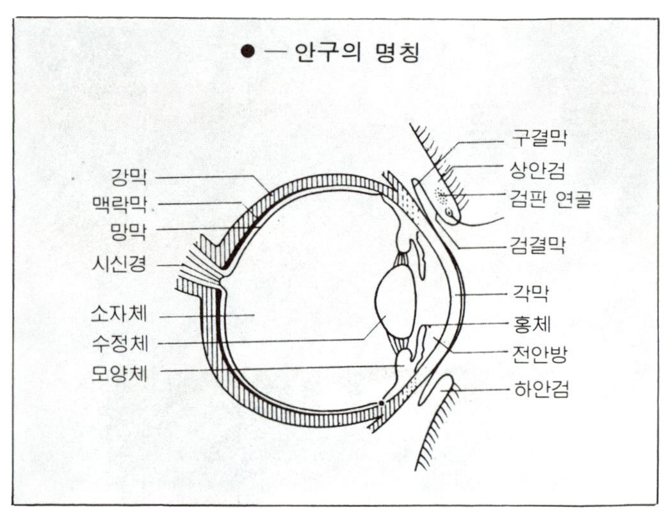

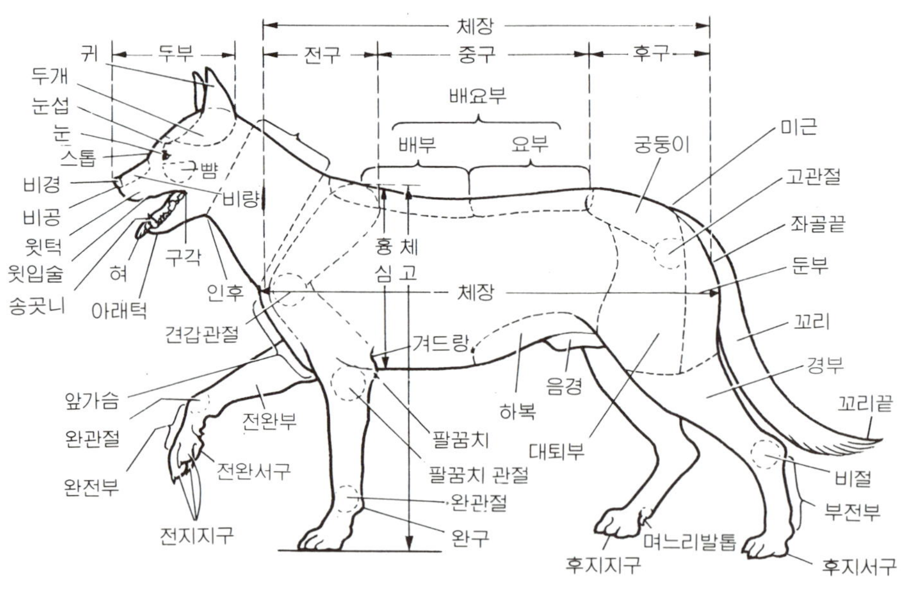

● — 안구의 명칭
강막
맥락막
망막
시신경
소자체
수정체
모양체
구결막
상안검
검판 연골
검결막
각막
홍체
전안방
하안검

체장
귀
두부
전구
중구
후구
두개
눈섭
눈
스톱
비경
비공
윗턱
윗입술
송곳니
배요부
배부
요부
볼
비량
궁둥이
미근
고관절
좌골끝
둔부
혀
구각
아래턱
흉 체
심 고
견갑관절
인후
체장
꼬리
경부
앞가슴
완관절
완전부
전완부
전완서구
겨드랑
음경
하복
팔꿈치
팔꿈치 관절
완관절
완구
대퇴부
꼬리끝
비절
부전부
며느리발톱
전지지구
후지지구
후지서구

몸의 각 부분 명칭

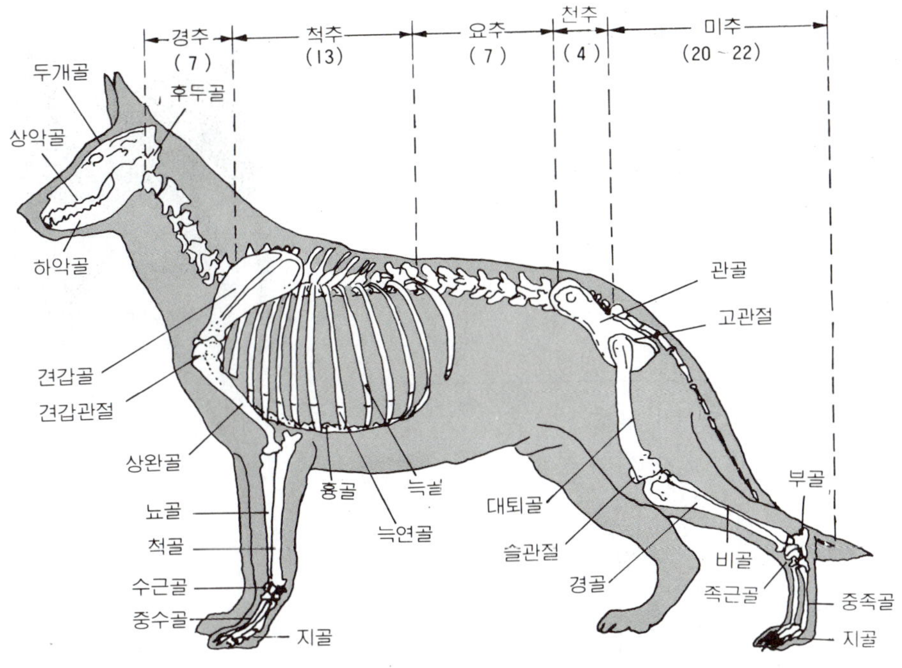

세퍼드의 골격도

	●── 치아표				
부위 명칭	윗 턱		아래 턱		합계
	左	右	左	右	
문 치	3	3	3	3	12
견 치	1	1	1	1	4
전구치	4	4	4	4	16
臼 齒	2	2	3	3	10
합계	10	10	11	11	42
	20		22		

	● — 올바른 치열				
	(오른쪽)			(왼쪽)	
	앞니	송곳니	앞 어금니	큰 어금니	합계
윗 턱	6개	2개	8개	4개	20개
아래 턱	6개	2개	8개	6개	22개

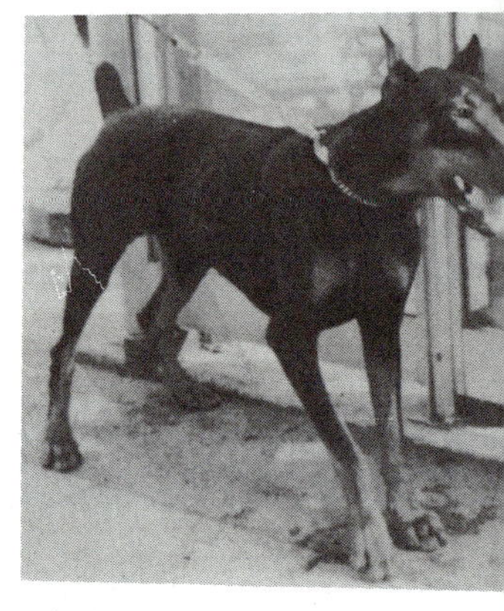

단미된 도베르만

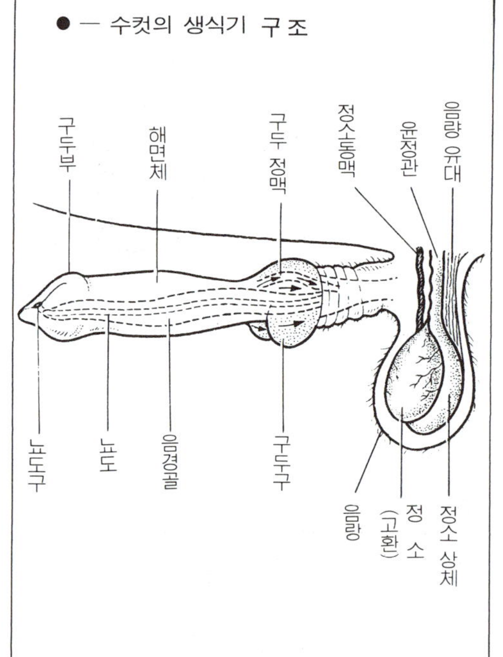

수컷의 생식기

● ― 건전한 치아 상태
대구치(大臼齒)
(2개)
전구치(前臼齒)
(4개)
이
(切齒)대치　견치
문중가
전구치(4)
대구치(3개)
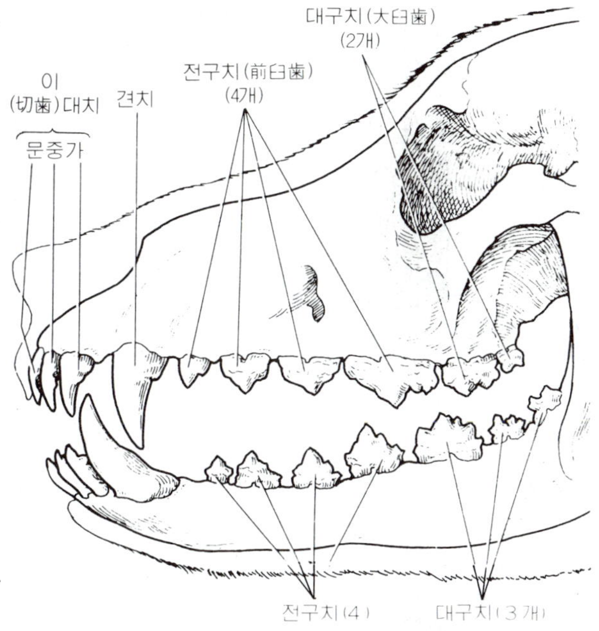

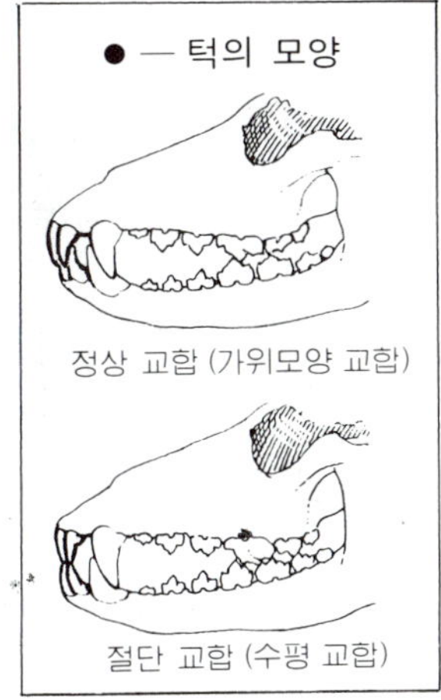
● ― 턱의 모양
정상 교합 (가위모양 교합)
절단 교합 (수평 교합)

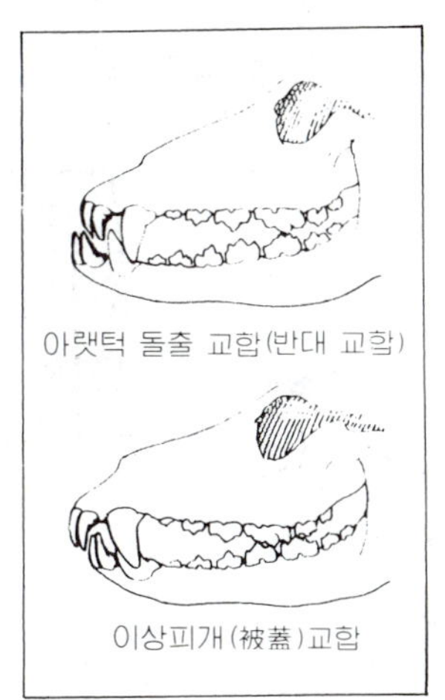
아랫턱 돌출 교합(반대 교합)
이상피개(被蓋)교합

앉아 오른손 검지와 중지만 펴서 가슴에 갖다댄다.

일어서 오른손 손바닥이 하늘을 보도록 하여 팔을 든다.

엎드려 오른손 손바닥을 밑을 보게 해서 어깨와 수평 높이 90° 각도로 편다.

쉬어 오른손 검지와 중지만 펴서 오른쪽 다리에서 45° 각도로 팔을 든다.

짖어 오른손 검지와 중지만 펴서 입술에 갖다대는 동작을 반복한다.

일어서 '앉아' 자세를 취하게 한 다음 손으로 앞발을 들어올려서 두 발로만 서는 동작을 반복 연습시켜 준다. 뒤쪽에 벽이나 기둥에 기대게 해 주면 좋다. 먹을 것으로 위쪽을 향하도록 유인하면 훈련의 효과를 높일 수 있다.

개를 잘 기르는 법

1판 8쇄 • 2016. 4 20.

엮은이 • 편 집 부
펴낸이 • 김 철 영
펴낸곳 • 전원문화사
　　　✉ 157-033 서울시 강서구 등촌3동 684-1
　　　　에이스 테크노타워 203호
　　　☎ 6735-2100 / Fax　6735-2103
등록 • 1977. 5. 23. 제 6-23호

Copyright ⓒ 1988, by Jeon-won Publishing Co.

정가 • 10,000 원

이 책의 내용은 저작권법에 따라 보호받고 있습니다.

잘못 만들어진 책은 바꾸어 드립니다.

ISBN • 89-333-0027-9 01390

ISBN　89-333-0027-9 01390